既有拌、炝、腌、酱、卤、酥、熏、冻等做法，又有酸、甜、苦、辣、麻、咸、鲜等口味。

美味爽口
凉菜大全

刘晓菲 主编

北京联合出版公司
Beijing United Publishing Co.,Ltd.

图书在版编目（CIP）数据

美味爽口凉菜大全 / 刘晓菲主编. — 北京: 北京联合出版公司，
2014.5（2024.11 重印）

ISBN 978-7-5502-2967-9

Ⅰ.①美… Ⅱ.①刘… Ⅲ.①凉菜－菜谱 Ⅳ.① TS972.121

中国版本图书馆 CIP 数据核字（2014）第 086252 号

美味爽口凉菜大全

主　　编：刘晓菲

责任编辑：喻　静

封面设计：韩　立

内文排版：盛小云

北京联合出版公司出版

（北京市西城区德外大街 83 号楼 9 层　100088）

鑫海达（天津）印务有限公司印刷　新华书店经销

字数 150 千字　787 毫米 ×1092 毫米　1/16　15 印张

2014 年 5 月第 1 版　2024 年 11 月第 5 次印刷

ISBN 978-7-5502-2967-9

定价：68.00 元

一盘盘色彩艳丽、清凉爽口的凉菜无疑是餐桌上不可或缺的一部分，既有拌、炝、腌、酱、卤、酥、熏、冻等做法，又有酸、甜、苦、辣、麻、咸、鲜等口味。凉拌素菜营养丰富，容易消化；凉拌荤菜喷香解馋，就饭下酒；鲜香水产味道鲜美，原汁原味；营养沙拉鲜嫩爽口，香甜美味。它们各具特色，老少皆宜，是适合全家人一年四季食用的美味佳肴。

凉菜材料多为蔬菜，不仅口感好，易于制作，而且多采用少油、简单处理的烹饪原则，能最大限度地保存食材的营养。蔬菜中含有丰富的维生素，而破坏它的罪魁祸首就是高温，高温对能提高人体免疫力的维生素 C 杀伤力特别强。一般凉菜很少用油，盐分又容易附在蔬菜表面，少量就足以让人感觉到咸味，减少了患心脑血管疾病的可能。更值得一提的是，少了煎炒炸的蔬菜，从一定程度上也减少了致癌物质的生成，对健康非常有益。凉菜绿色健康，符合现代人要求油脂少、天然养分多的健康理念。因此在生活节奏日益加快的今天，来一盘制作简便而又美味清爽的凉菜，不失为一种极好的选择。

那么，如何用最短的时间、最简便的方法拌出一道道美味佳肴？本书从实际生活出发，介绍了凉菜的常见制法、调味料、调味汁、拼盘等美食知识，并根据普通大众的常用食材，按照凉拌素菜、凉拌荤菜、鲜香水产和营养沙拉几部分，分类讲解各式凉菜的烹饪窍门。书中将家常凉菜一网打尽，别具一格，百变滋味尽其中。所选的几百道菜例皆为家常菜式，材料、调料、做法面面俱到，且烹饪步骤清晰，详略得当，同时配以彩色图片，读者可以一目了然地了解食物的制作要点，十分易于操作。即便你是初学者，没有做饭经验，也能做得有模有样有滋味。书中不仅告诉你做凉菜更美味的秘诀，更为你提供丰富的烹饪常识，让你做得更加得心应手。家常的食材，百变的

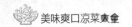

做法，拌出最美味的凉菜！

炎热的夏季，家庭制作一些美味可口的凉菜，不仅入口清凉，而且回味悠长。而对于冬季，很多人以为凉菜不适合，寒冷的天气再食用一些凉菜，会让人感到发怵。其实凉菜不仅适宜夏秋季节，冬季食用一些凉菜，可促进新陈代谢，迫使身体自我取暖，这会消耗一些脂肪，调动免疫系统，有利于保健，也可以达到减肥目的。

不用去餐厅，在家里用简单食材即可拌出丰盛佳肴，搭配各式调料，变幻出酸甜爽辣各式层出不穷的好滋味。翻开这本凉菜"圣经"，让全家天天都可享受凉菜的诱人滋味，让餐桌天天都有新菜色。

目录

3 第3部分 凉拌荤菜

4 第 4 部分
鲜香水产

第 1 部分
凉拌常识

凉菜是风格独特、拼摆技术性强的菜肴。凉菜常用的原料有水产、蔬菜、果品及禽畜肉类等。此外，凉菜的调味料也很讲究。在此，开篇首先为大家介绍凉菜的常见制法及凉菜的各种调味料，让每一位入厨者都能制作出新鲜适口的佳肴。

凉菜的常见制法与调味料

凉菜，夏日消暑，冬日开胃，是四季都受欢迎的人气菜肴。凉菜不但方便料理，而且制作方法多样、简便、快捷。在制作凉菜时调味料是非常讲究的，一般以甜咸为底味，辅以香辣对凉菜进行调味，味道极其醇厚。以下是非常实用的凉菜的常见制作方法及几种调味料的做法。

 ## 凉菜的常见制作方法

●**拌** 把生原料或凉的熟原料切成丁、丝、条、片等形状后，加入各种调味料拌匀。拌制凉菜具有清爽鲜脆的特点。

●**炝** 先把生原料切成丝、片、丁、块、条等，用沸水稍烫一下，或用油稍滑一下，然后控去水分或油，加入以花椒油为主的调味品，最后进行掺拌。炝制凉菜具有鲜香味醇的特点。

●**腌** 腌是用调味料将主料浸泡入味的方法。腌渍凉菜不同于腌咸菜，咸菜是以盐为主，腌渍的方法也比较简单，而腌渍凉菜要用多种调味料。腌渍凉菜口感爽脆。

●**酱** 将原料先用盐或酱油腌渍，放入食用油、糖、料酒、香料等调制的酱汤中，用旺火烧开后撇去浮沫，再用小火煮熟，然后用微火熬浓汤汁，涂在原料的表面上。酱制凉菜具有香味浓郁的特点。

●**卤** 将原料放入调制好的卤汁中，用小火慢慢浸煮卤透，让卤汁的味道慢慢渗入原料里。卤制凉菜具有味醇酥烂的特点。

●**酥** 原料放在以醋、糖为主要调料的汤汁中，经小火长时间煨焖，使主料酥烂。

●**水晶** 水晶也叫冻，它的制法是将原料放入盛有汤和调味料的器皿中，上屉蒸烂或放锅里慢慢炖烂，然后使其自然冷却或放入冰箱中冷却。水晶凉菜清澈晶亮、软韧鲜香。

 ## 凉菜调味料

●**葱油** 家里做菜，总有剩下的葱根、葱的老皮和葱叶，这些你本会丢进垃圾筒的东西，原来竟是大厨们的宝贝。把它们洗净了，记住一定要晾干水分，与食用油一起放进锅里，稍泡一会儿，再开最小火，将它们慢慢熬煮，不待油开就关掉火，晾凉后捞去葱，余下的就是香喷喷的葱油了！

●**辣椒油（红油）** 辣椒油跟葱油炼法一样，还可以采用一个更简单的办法：把干红椒切段（更利辣味渗出）装进小碗，将油烧热立马倒进辣椒里瞬间逼出辣味。在制辣椒油的时候放一些蒜，会得到味道更有层次的红油。

●**花椒油** 花椒油有很多种做法，家庭制法中最简单的是把锅烧热后放入花椒，炒出香味，然后倒进油，在油面出现青烟前就关火，用油的余温继续加热，这样炸出的花椒油不但香，而且花椒也不容易糊。花椒有红、绿两种，用红色花椒炸出的味道偏香一些，而用绿色的会偏麻一些。另有一种方法，把花椒炒熟碾成末，然后加水煮，分化出的花椒油是很上乘的花椒油。

一盘好凉菜的要求

凉菜是具有独特风格、拼摆技术性强的菜肴，食用时多数都是吃凉的。凉菜切配的主要原料大部分是熟料，因此与热菜烹调方法截然不同，它的主要特点是：选料精细、口味干香、脆嫩、爽口不腻，色泽艳丽，造形整齐美观，拼摆和谐悦目。一盘好的凉菜应该达到以下要求。

 ## 选材要新鲜

制作凉拌菜要选用新鲜蔬菜，不能用霉烂变质、发黄变蔫的蔬菜。有些蔬菜在冰箱里放了一段时间后，会失去原有的鲜美口感和滋味，营养成分也会有所损失，不宜再凉拌。

 ## 口感要好

在烹调方法上，凉菜除必须达到干香、脆嫩、爽口等要求外，还要求做到味透肌理、品有余香。

 ## 刀工要细致

刀工是决定凉菜形态的主要方面。在操作上必须认真精细，做到整齐美观，厚薄均匀，使改刀后的凉菜形状达到菜肴质量的要求。

 ## 脆香、清爽

根据凉菜不同品种的要求，要做到脆嫩清香或爽口不腻。

 ## 调味合理，火候适当

味要注意一致性，如糖拌番茄，口味酸甜，耐人寻味，如若加上盐，就令人扫兴了。对所用原料进行加工时要注意火候，如蔬菜焯到五六成熟时即好；卤酱和煮白肉时，要用微火，慢慢煮烂，做到鲜香嫩烂才能入味。

 ## 色彩调和

在拼摆装盘时要求做到菜与菜之间、辅料与主料之间、调料与主料之间、菜与盛器之间色彩的协调。造型要艺术大方，使拼摆装盘后的凉菜呈现出色形相映、五彩缤纷、生动逼真的美感。

 ## 7. 要注意营养，讲究卫生

凉菜不仅要做到色、香、味、形俱美，同时还要更加注意各种菜之间的营养素及其荤素菜的调剂，使制成的菜肴符合营养卫生的要求，增进人体的健康。

 ## 8. 节约用料

在凉菜拼摆装盘时，要注意节约原料，在保证质量的前提下，尽力减少不必要的损耗，以使原料物尽其用。

 ## 9. 随拌随吃

备好主料，随吃随拌，既可保持水分，又可防止污染。

 ## 10. 荤素分离

肉食类凉拌菜在烹制熟后要放在密封容器里，再放入冰箱的冷藏室，防止与其他食物接触造成。

 ## 11. 味精要化开

凉拌菜在使用味精时，要用热水化开，待味精溶解后再倒入菜中，未经溶化的味精效果差。

 ## 12. 蒜、醋调味

凉拌菜中要适量放些蒜泥和食醋，这样既可增加食欲，又可起到杀菌的作用。

 ## 13. 防虫防尘

制好的凉拌菜，在食用之前，夏、秋季节要罩上防蝇罩，冬、春季节要用干净的布盖上，以防止灰尘落入。

美味凉拌菜怎样"拌"

低油少盐、清凉爽口的凉拌菜，绝对是消暑开胃的最佳选择，但如何才能做出爽口开胃的凉拌菜呢？你掌握了这其中的诀窍了吗？下面为大家提供的这些诀窍会让你用最短的时间、最快的方式拌出一手美味佳肴。

选购新鲜材料

凉拌菜由于多数生食或略烫，因此首选新鲜材料，尤其要挑选当季盛产的材料，不仅材料便宜，滋味也较好。

事先充分洗净

在制作凉拌菜前要剪去指甲，并用肥皂搓洗手2～3次。制作前必须充分洗净蔬菜，最好放入淘米水中浸泡20～30分钟，可消除残留在蔬菜表面的农药。食用瓜果类洗净后可放到1‰～3‰的高锰酸钾水中浸泡30分钟；叶菜类要用开水烫后再食用。菜叶根部或菜叶中可能有砂石、虫卵，要仔细冲洗干净。

完全沥干水分

材料洗净或焯烫过后，务必完全沥干，否则拌入的调味酱汁味道会被稀释，导致风味不足。

食材切法一致

所有材料最好都切成一口可以吃进的大小，而有些新鲜蔬菜用手撕成小片，口感会比用刀切还好。

先用盐腌一下

例如小黄瓜、胡萝卜等要先用盐腌一下,再挤出适量水分,或用清水冲去盐分,沥干后再加入其他材料一起拌匀,不仅口感较好,调味也会较均匀。

 酱汁要先调和

各种不同的调味料,要先用小碗调匀,最好能放入冰箱冷藏,待要上桌时再和菜肴一起拌匀。

 冷藏盛菜器皿

盛装凉拌菜的盘子最好能预先冰过,冰凉的盘子装上冰凉的菜肴,绝对可以增加凉拌菜的美味。

 适时淋上酱汁

不要过早加入调味酱汁,因多数蔬菜遇咸都会释放水分,冲淡调味,因此最好准备上桌时再淋上酱汁调拌。

 要用手勺翻拌

凉拌菜要使用专用的手勺或手铲翻拌,禁止用手直接搅拌。

 餐具要严格消毒

制作凉拌菜所用的厨具要严格消毒,菜刀、菜板、擦布要生熟分开,不得混用。夏季气温较高,微生物繁殖特别快,因此,制作凉拌菜所用的器具如菜刀、菜板和容器等均应消毒,使用前应用开水烫洗。不能用切生肉和切其他未经烫洗过的刀来切凉拌菜,否则,前面的清洗、消毒工作等于白做。

 调味品要加热

凉拌菜用的调味品、酱油、色拉油、花生油要经过加热。

 火候要到位

凉拌菜有生拌、辣拌和熟拌之分。对原料进行加工时要注意火候,如蔬菜焯到半成熟即可;卤酱和煮白肉时,要用微火,慢慢煮烂,做到鲜香嫩烂才能入味。一般生鲜蔬菜适合生拌,肉类适宜熟拌,辣拌则根据不同口味需要具体处理。

不同蔬菜的凉拌方法与配料

　　夏天食欲不振的时候，很多人都愿意吃凉拌菜。营养学的研究也证明，生吃蔬菜能够保存菜里面的营养，因为蔬菜中一些人体必需的生物活性物质在55℃以上温度时，内部性质就会发生变化，营养就会丢失，而吃凉拌菜则可以减少这种情况的发生。值得注意的是，并非所有蔬菜的凉拌方法都是一样的。

1. 不同蔬菜的凉拌方法

●**适合生食的蔬菜**　可生食的蔬菜多半有甘甜的滋味及脆嫩口感，因加热会破坏养分及口感，通常只需洗净即可直接调味、拌匀食用。洗一洗就可生吃的蔬菜包括胡萝卜、白萝卜、番茄、黄瓜、柿子椒、大白菜心等。生吃最好选择无公害的绿色蔬菜或有机蔬菜。在无土栽培条件下生产的蔬菜，也可以放心生吃。

●**生、熟食皆宜的蔬菜**　这类蔬菜气味独特，口感清脆，常含有大量纤维物质。洗净后直接调拌生食，口味十分清鲜；若以热水焯烫后拌食，则口感会变得稍软，但还不致减损原味，如芹菜、甜椒、芦笋、秋葵、苦瓜、白萝卜、海带等。

●**须焯烫后食用的蔬菜**　这类蔬菜以热水焯烫后即可有脆嫩口感及清鲜滋味，再加调味料调拌即可食用。这些蔬菜分以下几类：一类是十字花科蔬菜，如西兰花、花椰菜等，这些营养丰富的蔬菜焯过后口感更好，其中丰富的纤维素也更容易消化；第二类是含草酸较多的蔬菜，如菠菜、竹笋、茭白等，草酸在肠道内会与钙结合成难吸收的草酸钙，干扰人体对钙的吸收，因此，凉拌前一定要用开水焯一下，除去其中大部分草酸；第三类是芥菜类蔬菜，如大头菜等，它们含有一种叫硫代葡萄糖苷的物质，经水解后能产生挥发性芥子油，具有促进消化吸收的作用；第四类是马齿苋等野菜，焯一下能彻底去除尘土和小虫，又可防止过敏。

2. 做凉拌菜必备的八大配料

●**食盐**　能提供菜肴适当咸度，增加风味，还能使蔬菜脱水，适度发挥防腐作用。

●**糖**　能引出蔬菜中的天然甘甜，使菜肴更加美味。用以腌泡菜还能加速发酵。

●**冷开水**　可稀释调味及发酵后浓度，适合直接生食的材料，以便确保卫生。

●**白醋**　能除去蔬菜根茎的天然涩味，腌泡菜时还有加速发酵的作用。

●**酒**　通常用米酒、黄酒及高粱酒，主要作用为去腥，能加速发酵及杀死发酵后产生的不良菌。

●**葱姜蒜**　味道辛香，能去除材料的生涩味或腥味，并降低泡菜发酵后的特殊酸味。

●**红辣椒**　与葱、姜、蒜的作用相当，但其更为刺激的独特辣味，是使许多凉拌菜令人开胃的重大"功臣"。

●**花椒粒**　腌拌后能散发出特有的"麻"味，是增添菜肴香气的必备配料。

拌凉菜的方法对营养的影响

凉拌菜的搭配食材多样，拌凉菜的方法也五花八门，那么，怎样让拌出来的凉菜既营养全面又有利于人体对营养元素的吸收呢？请看以下的介绍。

1. 拌

拌是把生的原料或加热晾凉后的原料，切制成小型的丁、丝、条、片等形状后，加入各种调味品拌匀的方法。拌制菜肴具有清爽鲜脆的特点。如蔬菜沙拉、胶东四大拌、芥末鲜鱿等菜，加食醋有利于维生素 C 的保存；加放植物油有利于胡萝卜素的吸收；加放葱、蒜能提高维生素 B_1、维生素 B_2 的利用；若荤素搭配，则能有效地调节菜肴中营养素的数量和比例，起到平衡膳食的作用。

2. 炝

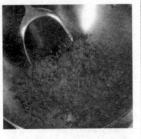

炝是先把生原料切成丝、片、块、条等，用沸水稍烫一下，或用油稍滑一下，然后滤去水分或油分，加入以花椒油为主的调味品，最后进行拌制。炝制菜则具有鲜醇入味的特点，如炝西芹、炝腰片，由于加热时间短，能有效地保存西芹中的维生素和腰片中的 B 族维生素。

3. 腌

腌是用调味品将主料浸泡入味的方法。腌制凉菜不同于腌咸菜，咸菜是以盐为主，腌制的方法也比较简单，而腌制凉菜须用多种调味品，口味鲜嫩、浓郁。

4. 酱

酱是将原料先用盐或酱油腌制，放入用油、糖、料酒、香料等调制的酱汤中，用旺火烧开撇去浮沫，再用小火煮熟，然后用微火熬浓汤汁，涂在成品的皮面上。酱制菜肴具有味厚馥郁的特点，品种主要有酱油嫩鸡、杭州酱鸭、五香酱牛肉。由于长时间加热，原料中的蛋白质变性，氨基酸、有机酸、多肽类物质充分溶解出来，有利于风味的形成和消化吸收。

5. 卤

卤是将原料放入调制好的卤汁中，用小火慢慢浸煮卤透，使卤汁的滋味慢慢渗入原料里。卤制菜肴具有醇香酥烂的特点。其制品有卤肘子、卤牛肚、卤豆腐干、卤鸭舌。卤的原料大多是家畜、家禽、豆制品等蛋白质含量丰富的原料，因而卤水及成品滋味鲜美。

6. 酥

酥制冷菜是原料在以醋、糖为主要调料的汤汁中，经慢火长时间煨焖，使主料酥烂，醇香味浓。酥的主要品种有酥鱼、酥排骨、酥海带。

7. 熏

熏是将经过蒸、煮、炸、卤等方法烹制的原料，置于密封的容器内，用燃料燃烧时的烟气熏，将烟火味焖入原料，形成特殊风味的一种方法。经过熏制的菜品，色泽艳丽，熏味醇香，并可以延长保存时间，如生熏带鱼、熏鸭等。

8. 冻

冻是将原料放入盛有汤和调味品的器皿中，上屉蒸烂，或放锅里慢慢炖烂，然后使其自然冷却或放入冰箱中冷却。成菜具有清澈晶亮、软韧鲜醇的特点。冻菜在夏天制作时，要选用脂肪含量相对较少的原料，如冻鱼、冻虾仁。还可用琼脂、新鲜果肉等原料加工成果冻，既补充维生素，又清凉解暑。

凉菜的 30 种调味汁的配制方法

凉菜在制作调味上是很讲究的，在制作凉菜时，若能掌握各种调味方法，不仅可以使凉菜凉爽可口，营养丰富，而且还能增进人的食欲。常用的凉菜调味汁有以下 30 种。

1. 盐味汁

以精盐、味精、香油加适量鲜汤调和而成，为白色咸鲜味。适用于拌食鸡肉、虾肉、蔬菜、豆类等，如盐味鸡脯、盐味虾、盐味蚕豆、盐味莴笋等。

2. 酱油汁

以酱油、味精、香油、鲜汤调和制成，为红黑色咸鲜味。用于拌食或蘸食肉类主料，如酱油鸡、酱油肉等。

3. 虾油汁

用料有虾子、盐、味精、香油、绍酒、鲜汤。做法是先用香油炸香虾子，再加入其他调料烧沸，为白色咸鲜味。用以拌食荤素菜皆可，如虾油冬笋、虾油鸡片。

4. 蟹油汁

用料为熟蟹黄、盐、味精、姜末、绍酒、鲜汤。蟹黄用植物油炸香后加调料烧沸，为橘红色咸鲜味。多用以拌食荤料，如蟹油鱼片、蟹油鸡脯、蟹油鸭脯等。

5. 蚝油汁

用料为蚝油、盐、香油，加鲜汤烧沸，为咖啡色咸鲜味。用以拌食荤料，如蚝油鸡、蚝油肉片等。

6. 韭味汁

用料为腌韭菜花、味精、香油、精盐、鲜汤，腌韭菜花用刀剁成蓉，然后加调料鲜汤调和，为绿色咸鲜味。拌食荤素菜肴皆宜，如韭味里脊、韭味鸡丝、韭菜口条等。

7. 麻叶汁

用料为芝麻酱、精盐、味精、香油、蒜泥。将麻酱用香油调稀，加精盐、味精调和均匀，为赭色咸香料。拌食荤素原料均可，如麻酱拌豆角、麻汁黄瓜、麻汁海参等。

8. 椒麻汁

用料为生花椒、生葱、盐、香油、味精、鲜汤，将花椒、生葱一同制成细蓉，加调料调和均匀，为绿色咸香味。拌食荤食，如椒麻鸡片、野鸡片、里脊片等。忌用熟花椒。

9. 葱油

用料为生油、葱末、盐、味精。葱末入油后炸香，即成葱油，再同其他调料拌匀，为白色咸香味。用以拌食禽、蔬、肉类原料，如葱油鸡、葱油萝卜丝等。

10. 糟油

用料为糟汁、盐、味精，调匀后为咖啡色咸香味。用以拌食禽、肉、水产类原料，如糟油凤爪、糟油鱼片、糟油虾等。

11. 酒味汁

用料为优质白酒、盐、味精、香油、鲜汤。将调料调匀后加入白酒，为白色咸香味，也可加酱油成红色。用以拌食水产品、禽类较宜，如醉青虾、醉鸡脯，以生虾最有风味。

12. 芥末糊

用料为芥末粉、醋、味精、香油、糖。做法为用芥末粉加醋、糖、水调和成糊状，静置半小时后再加调料调和，为淡黄色咸香味。用以拌食荤素均宜，如芥末肚丝、芥末鸡皮薹菜等。

13. 咖喱汁

用料为咖喱粉、葱、姜、蒜、辣椒、盐、味精、

油。咖喱粉加水调成糊状，用油炸成咖喱浆，加汤调成汁，为黄色咸香味。调禽、肉、水产都宜，如咖喱鸡片、咖喱鱼条等。

14. 姜味汁

用料为生姜、盐、味精、油。生姜挤汁，与调料调和，为白色咸香味。最宜拌食禽类，如姜汁鸡块、姜汁鸡脯等。

15. 蒜泥汁

用料为生蒜瓣、盐、味精、麻油、鲜汤。蒜瓣捣烂成泥，加调料、鲜汤调和，为白色。拌食荤素皆宜，如蒜泥白肉、蒜泥豆角等。

16. 五香汁

用料为五香料、盐、鲜汤、绍酒。做法为鲜汤中加盐、五香料、绍酒，将原料放入汤中，煮熟后捞出冷食。最适宜煮禽内脏类，如盐水鸭肝等。

17. 茶熏味

用料为精盐、味精、香油、茶叶、白糖、木屑等。做法为先将原料放在盐水汁中煮熟，然后在锅内铺上木屑、糖、茶叶，加箅，将煮熟的原料放箅

上，盖上锅用小火熏，使烟剂凝结于原料表面。禽、蛋、鱼类皆可熏制，如熏鸡脯、五香鱼等。注意锅中不可着旺火。

18. 酱醋汁

用料为酱油、醋、香油。调和后为浅红色，为咸酸味型。用以拌菜或炝菜，荤素皆宜，如炝腰片、炝胗肝等。

19. 酱汁

用料为面酱、精盐、白糖、香油。先将面酱炒香，加入糖、盐、清汤、香油后再将原料入锅靠透，为赭色咸甜型。用来酱制菜肴，荤素均宜，如酱汁茄子、酱汁肉等。

20. 糖醋汁

以糖、醋为原料，调和成汁后，拌入主料中，用于拌制蔬菜，如糖醋萝卜、糖醋番茄等；也可以先将主料炸或煮熟后，再加入糖醋汁炸透，成为滚糖醋汁。多用于荤料，如糖醋排骨、糖醋鱼片。还可将糖、醋调和入锅，加水烧开，凉后再加入主料浸泡数小时后食用，多用于泡制蔬菜的叶、根、茎、果，如泡青椒、泡黄瓜、泡萝卜、泡姜芽等。

21. 山楂汁

用料为山楂糕、白糖、白醋、桂花酱，将山楂糕打烂成泥后加入调料调和成汁即可。多用于拌制蔬菜果类，如楂汁马蹄、楂味鲜菱、珊瑚藕。

22. 茄味汁

用料为番茄酱、白糖、醋，做法是将番茄酱用油炒透后加糖、醋、水调和。多用于拌熘荤菜，如茄汁鱼条、茄汁大虾、茄汁里脊、茄汁鸡片。

23. 红油汁

用料为红辣椒油、盐、味精、鲜汤，调和成汁，为红色咸辣味。用以拌食荤素原料，如红油鸡条、红油鸡、红油笋条、红油里脊等。

24. 青椒汁

用料为青辣椒、盐、味精、香油、鲜汤。将青椒切剁成蓉，加调料调和成汁，为绿色咸辣味。多用于拌食荤食原料，如椒味里脊、椒味鸡脯、椒味鱼条等。

25. 胡椒汁

用料为白椒、盐、味精、香油、蒜泥、鲜汤，调和成汁后，多用于炝、拌肉类和水产原料，如拌鱼丝、鲜辣鱿鱼等。

26. 鲜辣汁

用料为糖、醋、辣椒、姜、葱、盐、味精、香油。将辣椒、姜、葱切丝炒透，加调料、鲜汤成汁，为咖啡色酸辣味。多用于炝腌蔬菜，如酸辣白菜、酸辣黄瓜。

27. 醋姜汁

用料为黄香醋、生姜。将生姜切成末或丝，加醋调和，为咖啡色酸香味。适宜于拌食鱼虾，如姜末虾、姜末蟹、姜汁肴肉等。

28. 三味汁

由蒜泥汁、姜味汁、青椒汁三味调和而成，为绿色。用以拌食荤素皆宜，如炝菜心、拌肚仁、三味鸡等，具有独特风味。

29. 麻辣汁

用料为酱油、醋、糖、盐、味精、辣油、麻油、花椒面、芝麻粉、葱、蒜、姜，将以上原料调和后即可。用以拌食主料，荤素皆宜，如麻辣鸡条、麻辣黄瓜、麻辣肚、麻辣腰片等。

30. 糖油汁

用料为白糖、麻油，为白色甜香味。调后拌食蔬菜，如糖油黄瓜、糖油莴笋等。

凉菜拼盘方法

凉菜是筵席上首先与食客见面的菜品，故有"见面菜"或"迎宾菜"之称。制作凉菜拼盘，首先要了解凉菜拼盘的基本知识和具体操作步骤。传统的凉菜拼盘有双拼、三拼、四拼、五拼、什锦拼盘、花色冷拼6种不同的形式，而制作拼盘时都要经过垫底、围边、盖面三个步骤。现分别详述如下。

 双拼

就是把两种不同的凉菜拼摆在一个盘子里。它要求刀工整齐美观，色泽对比分明。其拼法多种多样，可将两种凉菜一样一半摆在盘子的两边；也可以将一种凉菜摆在下面，另一种盖在上面；还可将一种凉菜摆在中间，另一种围在四周。

 三拼

就是把三种不同的凉菜拼摆在一个盘子里，做这种拼盘一般选用直径24厘米的圆盘。三拼不论凉菜的色泽要求、口味搭配，还是装盘的形式上，都比双拼要求更高。三拼最常用的装盘形式，是从圆盘的中心点将圆盘划分成三等份，每份摆上一种凉菜；也可将三种凉菜分别摆成内外三圈，等等。

 四拼

四拼的装盘方法和三拼基本相同，只不过增加了一种凉菜而已。四拼一般选用直径33厘米的圆盘。四拼最常用的装盘形式，是从圆盘的中心点将圆盘划分成四等份，每份摆上一种凉菜；也可在周围摆上三种凉菜，中间再摆上一种凉菜。四拼中每种凉菜的色泽和味道都要间隔开来。

 五拼

也称中拼盘、彩色中盘，是在四拼的基础上再增加一种凉菜。五拼一般选用38厘米圆盘。五拼最常用的装盘形式，是将四种凉菜呈放射状摆在圆盘四周，中间再摆上一种凉菜；也可将五种凉菜均呈放射状摆在圆盘四周，中间再摆上一座食雕作装饰。

 什锦拼盘

就是把多种不同色泽、不同口味的凉菜拼摆在一只大圆盘内。什锦拼盘一般选用直径42厘米的大圆盘。什锦拼盘要求外形整齐美观，刀工精巧细腻，拼摆角度准确，色泽搭配协调。什锦拼盘的装盘形式有圆、五角星、九宫格等几何图形，以及葵花、大丽花、牡丹花、梅花等花形，从而形成一个五彩缤纷的图案，给食者以心旷神怡的感觉。

 花色冷拼

也称象形拼盘、工艺冷盘，是经过精心构思后，运用精湛的刀工及艺术手法，将多种凉菜菜肴在盘中拼摆成飞禽走兽、花鸟虫鱼、山水园林等各种平面的、立体的或半立体的图案。花色冷拼操作程序比较复杂，故一般只用于高档席桌。

泡菜的制作技巧

泡菜是一种以湿态发酵方式加工制成的浸制品，为泡酸菜类的一种。泡菜制作容易，成本低廉，营养卫生，美味可口，利于贮存。在我国四川、东北、湖南、湖北、河南、广东、广西等地民间均有自制泡菜的习惯。

泡菜的主要原料是各种蔬菜，它营养丰富，水分、碳水化合物、维生素及钙、铁、磷等矿物质含量丰富，能满足人体需要。泡菜富含乳酸，一般为0.4%～0.8%，咸酸适度，味美而嫩脆，能增进食欲，帮助消化，具有一定的医疗功效。据试验报道，多种病原菌在泡菜中均不能发育，例如痢疾菌在泡菜中经3～6小时、霍乱菌1～2小时均能被杀灭；新鲜蔬菜上所沾附的蛔虫卵，在密封的泡菜坛内也会因缺氧窒息死亡。因此，泡菜是一种既营养又卫生的蔬菜加工品。

菜盐水会达到令人满意的要求和风味。

调料是泡菜风味形成的关键，包括佐料和香料。佐料有白酒、料酒、甘蔗、醪糟汁、红糖和干红辣椒等。蔬菜入坛泡制时，白酒、料酒、醪糟汁起到辅助渗透盐味、保嫩脆、杀菌的作用，甘蔗可以吸异味、防变质，红糖、干红辣椒则起调和诸味、增加鲜味的作用。香料包括白菌、排草、八角、三奈、草果、花椒、胡椒。香料在泡菜盐水内起增香、除异去腥的功效，其中三奈可以保持泡菜色鲜，胡椒用来除去腥臭味。

1. 泡菜制作三关键

容器、盐水、调料的把握和运用是制作泡菜的关健所在。要泡制色香味形俱佳、营养卫生的泡菜，应掌握原料性质，注意选择容器、制备盐水、搭配调料、装坛等技术。

制备泡菜的容器应选择火候老、釉质好、无裂纹、无砂眼、吸水良好、钢音清脆的泡菜坛。原料的选择原则是品种当令、质地嫩鲜、肉厚硬健、无虫咬、无烂痕、无斑点者为佳。

泡菜盐水的配制对泡菜质量有重要影响，一般选择含矿物质较多的井水和泉水配制泡菜盐水，能保持泡菜成品的脆性。食盐宜用品质良好、含苦味物质少者为佳，最好用井盐。新盐水制作泡菜，头几次的口味较差，但随着时间推移和精心调理，泡

2. 根据个人喜好确定泡菜风味和用量

一般泡菜有四种提味方法：本味，泡什么味就吃什么味，不再进行加工或烹饪；拌食，在保持泡菜本味的基础上，视菜品自身特性或客观需要，再酌加调味品拌之，如泡萝卜加红油、花椒末等；烹食，按需要将泡菜经刀功处置后烹食，有素烹、荤烹之别，如泡豇豆，同干红椒、花椒、蒜苗炝炒，还可与肉类合烹；改味，将已制成的泡菜，放入另一种味的盐水内，使之具有复合味。

做泡菜还应注意食用量，吃多少就从泡菜坛内捞出多少，没食用完的泡菜不能再倒入坛内，防止坛内泡菜变质。

制作和食用蔬菜沙拉的窍门

在西方饮食中，蔬菜生食的情况相当多见，而按中国人的习惯是将蔬菜烹制后食用。其实，从营养和保健的角度出发，蔬菜以生食最好。

新鲜蔬菜中所含的维生素 C 和一些生理活性物质十分"娇气"，很容易在烹调中遭到破坏，蔬菜生食可以最大限度地保留其中的各种营养素。蔬菜中大都含有免疫物质干扰素诱生剂，它可以刺激人体细胞产生干扰素，具有抑制细胞癌变和抗病毒感染的作用，而这种功能只有在生食的前提下才能实现。

生吃蔬菜首先要选择新鲜的蔬菜，尽量选绿色无公害产品，食用前用盐水浸泡 10 分钟，能去掉部分有害物质。

 怎样做蔬菜沙拉

在做蔬菜沙拉时，最好不要将蔬菜切得太细碎，每片菜叶以一口能吃下的大小为最佳，以免因其太细吸附过多的沙拉酱，而吃进去过多的油脂；叶菜最好用手撕，以保新鲜。在沙拉酱中加入少许鲜柠檬汁或白葡萄酒，可使蔬菜不变色。

● **奶油增甜香味** 做水果沙拉时，可在普通的蛋黄沙拉酱内加入适量的甜味鲜奶油，其制出的沙拉奶香味浓郁，甜味加重，喜欢甜食的朋友可以试着做做。

● **酸奶拌菜味更美** 在蛋黄沙拉酱内调入酸奶，可打稀固态的蛋黄沙拉酱，用于拌水果沙拉，味道更好。

● **添盐加醋增风味** 制作蔬菜沙拉时，如果选用普通的蛋黄沙拉酱，可在沙拉酱内加入少许醋、盐，更适合我们的口味。

● **酒水亮色更增鲜** 在沙拉酱中加入少许鲜柠檬汁或白葡萄酒，可使蔬菜不变色。如果用于海鲜沙拉，可令沙拉味道更为鲜美。

● **手撕叶菜保营养** 制作蔬菜沙拉时，叶菜最好用手撕，以保新鲜，蔬菜洗净，沥干水后再用拌入沙拉酱。

● **蒜头擦盘味更佳** 沙拉入盘前，用蒜头擦一下盘边，沙拉入口后味道会更鲜。

 怎样吃蔬菜沙拉

● **分次切小块** 将大片的生菜叶用叉子切成小块，如果不好切可以刀叉并用。一次只切一块，不要一下子将整盘的沙拉都切成小块。

● **根据沙拉主次选叉具** 如果沙拉是一大盘端上来则使用沙拉叉，如果和主菜放在一起则要使用主菜叉来吃。

● **吃法因菜品而异** 如果沙拉是主菜和甜品之间的单独一道菜，通常要与奶酪和炸玉米片等一起食用。先取一两片面包放在你的沙拉盘上，再取两三个玉米片。奶酪和沙拉要用叉子食用，而玉米片则用手拿着吃。

● **拌酱勿求一步到位** 如果主菜沙拉配有沙拉酱，很难将整碗的沙拉都拌上沙拉酱，先将沙拉酱浇在一部分沙拉上，吃完这部分后再加酱，直到加到碗底的生菜叶部分，这样浇汁就容易多了。

第 2 部分

凉拌素菜

素菜通常指用植物油、蔬菜、豆制品、面筋、竹笋、菌类、藻类和干鲜果品等植物性原料烹制的菜肴。凉拌素菜营养丰富，别具风味，味道鲜美，容易消化，有利于人体健康。本部分将为大家全面解析凉拌素菜的制作过程和美味秘诀，文图结合，通俗易懂，相信大家一学就会。

菠菜

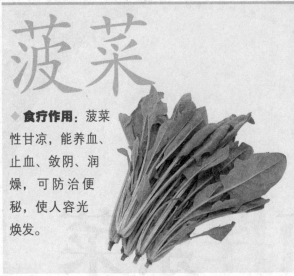

◆ **食疗作用**：菠菜性甘凉，能养血、止血、敛阴、润燥，可防治便秘，使人容光焕发。

菠菜的选购

挑选菠菜以菜梗红短，叶子新鲜有弹性的为佳。选购菠菜，叶子宜厚，伸张得很好，且叶面要宽，叶柄则要短。如叶部有变色现象，要予以剔除。

菠菜如何去涩味

菠菜由于含有较多的草酸，所以吃起来有涩味。要去除涩味，烹饪时有两种方法：一是热油旺火快速煸炒至菜熟即起锅；二是先焯水，水沸下锅，再沸捞出，用冷水冲一下，然后再起油锅炒至全熟，涩味即可除去。

花生拌菠菜

🕑 制作时间 **15分钟**

材料 菠菜300克，花生米50克

调料 盐、味精各3克，香油适量

做法

① 菠菜去根洗净，入开水锅中焯熟后捞出沥干。

② 花生米洗净。

③ 油锅烧热，下花生米炸熟。

④ 将菠菜、花生米同拌，调入盐、味精拌匀，淋入香油即可。

凉拌菠菜

🕑 制作时间 **10分钟**

材料 菠菜300克，红椒10克，花生米10克

调料 盐3克，味精2克，香油适量

做法

① 菠菜去根，洗净；花生米炒熟后，擀碎；红椒洗净，切成碎粒。

② 锅中加水烧沸，下入菠菜焯至熟软后，捞出沥干水后，再切碎。

③ 将菠菜、花生碎、红椒粒与盐、味精、香油拌匀即可。

姜汁时蔬

 制作时间
8分钟

材料 菠菜180克，姜60克

调料 盐、味精各4克，香油、生抽各10克

做法

①菠菜择净，洗净，切成小段，放入开水中烫熟，沥干水分，装盘。

②姜去皮，洗净，一半切碎，一半捣汁，一起倒在菠菜上。

③将盐、味精、香油、生抽调匀。

④淋在菠菜上即可。

口口香

制作时间
13分钟

材料 菠菜200克，瓜子仁、熟花生米各50克，西红柿少许

调料 盐3克，味精1克，醋6克，生抽10克

做法

①菠菜洗净，切段；西红柿洗净，切片。

②锅内注水烧沸，加入菠菜段焯熟后，捞起沥干并装入碗中，再放入瓜子仁、熟花生米。

③加入盐、味精、醋、生抽拌匀后，倒扣于盘中，撒上西红柿片即可。

宝塔菠菜

制作时间
12分钟

材料 菠菜200克，杏仁、玉米粒、松子各50克

调料 盐3克，味精1克，醋8克，生抽10克，香油适量

做法

①菠菜洗净，切段，放入沸水中焯熟；杏仁、玉米粒、松子洗净，用沸水焯熟，捞起晾干备用。

②将菠菜、杏仁、玉米粒、松子放入碗中，加入盐、味精、醋、生抽、香油拌匀。

③再倒扣于盘中即可。

豆角

◆**食疗作用**：豆角性甘、淡、微温，归脾、胃经，有调和脏腑、安养精神、益气健脾、消暑化湿和利水消肿的功效。

豆角的选购与保存

豆角需选用个大、肉厚、籽粒小的品种，摘去筋蒂，焯熟然后用剪子或菜刀按"之"字形剪切成长条备用。把它挂在绳子上或摊在木板上晾干。之后用精盐把干豆角拌匀，放在塑料袋里，挂在室外的阴凉通风处。吃时，洗净浸泡就可以了。

食用未熟豆角中毒急救

治疗豆角中毒还没有特效药出现，有中毒症状应立即采取催吐措施，用手指、筷子等刺激咽后壁和舌根引起呕吐，可饮一些温热水反复催吐，直至呕吐物为清水。严重者应立即送往医院救治。避免食用豆角中毒，炖、炒、煮豆角一定要烧熟。

风味豆角

⏰ 制作时间 **8分钟**

材料 长豆角400克，红椒50克

调料 盐、味精各3克，香油适量

做法

① 长豆角洗净，切成长短均匀的长条；红椒洗净，切长片。

② 将豆角和红椒分别放入开水锅中焯熟后，捞出沥干，备用。

③ 调入盐、味精、香油拌匀装盘即可。

家乡豆角

⏰ 制作时间 **10分钟**

材料 豆角180克

调料 红椒5克，盐3克，味精2克，酱油、红油各10克

做法

① 豆角去筋，洗净，切成小段，放入开水锅中焯熟，沥干水分，装盘。

② 红椒洗净，切成丝，放入水中焯一下。

③ 将红椒丝摆放在豆角上。

④ 将盐、味精、酱油、红油调匀，淋在豆角上即可。

风味豇豆结

⏰ 制作时间
8分钟

材料 鲜豇豆250克，泡辣椒20克，菊花瓣5克

调料 盐5克，味精3克，麻油20克

做法

①鲜豇豆洗净，择去头尾，切成小段，放入沸水锅中稍焯后，捞出装盘。

②将鲜豇豆晾凉后弯成小结。

③泡辣椒取出，切碎。

④菊花瓣洗净，用沸水稍烫。

⑤泡辣椒、菊花瓣倒入豇豆中，加所有调味料一起拌匀即可。

凉拌豆角

⏰ 制作时间
12分钟

材料 豆角500克，蒜蓉20克，红椒丝10克

调料 盐1克，生抽3克，陈醋、辣椒油、麻油各5克，花生油20克，白糖、味精、鸡精各2克

做法

①先将豆角洗净，切成5厘米长的段，然后放入锅中用开水焯熟。

②红椒丝用开水稍烫。

③将焯熟的豆角放入清水中过冷，捞起，沥干水分。

④将所有调味料和蒜蓉、红椒丝放入豆角中搅拌均匀。

⑤用碟装起即可。

芥辣拌双豆

 制作时间 **10分钟**

材料 青豆角100克，红豆角100克，彩椒10克，蒜5克

调料 盐3克，鸡精2克，麻油5克，芥辣4克

做法

① 红、青豆角洗净，择去头尾，切段。

② 蒜去皮剁蓉。

③ 彩椒去蒂切丝。

④ 净锅上火，加适量水，放少许油、盐，水沸后放入豆角，焯熟。

⑤ 捞出过冰水约3分钟后，用干毛巾包住吸干水分，盛入碗里。

⑥ 调入盐、鸡精粉、麻油、芥辣、蒜蓉、彩椒丝，拌匀，装盘即可食用。

荷兰豆百合

 制作时间 **12分钟**

材料 荷兰豆200克，百合50克

调料 盐3克，味精1克，醋6克，香油10克，红甜椒少许

做法

① 荷兰豆洗净，百合洗净。

② 红甜椒洗净，切片。

③ 锅内注水并烧沸，放入荷兰豆、百合、红甜椒片焯熟后，捞起沥干

④ 将荷兰豆、百合、红甜椒片放入盘中。

⑤ 用盐、味精、醋、香油调成汁，浇在上面拌匀即可。

姜汁豇豆

⏰ 制作时间
6分钟

材料 豇豆400克，老姜50克

调料 醋15克，盐、香油各10克，味精1克，糖少许

做法

① 豇豆过水洗净后，切成约5厘米长的段，盛入盘中待用。

② 将切好的豇豆放入沸水中焯熟后捞起，沥干水分。

③ 将老姜切细，捣烂，用纱布包好挤汁。

④ 把调味料和汁调匀，做成味汁。

⑤ 将味汁浇在豇豆上成菜，整理成型即可。

彩椒四季豆

⏰ 制作时间
13分钟

材料 四季豆250克，彩椒3克，蒜10克

调料 盐3克，鸡精2克，麻油5克

做法

① 四季豆择去头尾，洗净切段。

② 彩椒去蒂切丝。

③ 蒜去皮剁蓉。

④ 将四季豆放入加了油、盐、鸡精的锅中焯熟，捞出，浸泡冰水约2分钟后，捞出沥干水分，盛入碗里。

⑤ 锅上火，烧热油，爆香1/2量蒜蓉，调入碗中，再加入1/2量生蒜蓉、盐、鸡精、麻油、彩椒丝拌匀，装盘即可。

蒜蓉荷兰豆

⏰ 制作时间
8分钟

材料 荷兰豆300克，蒜50克

调料 盐5克，味精3克

做法

① 将荷兰豆择去头尾筋后，洗净；蒜去皮，剁成蓉。

② 锅上火，加水适量烧沸，放入荷兰豆焯熟后，捞出，沥水。

③ 荷兰豆内加入蒜蓉和所有调味料一起搅拌均匀，装盘即可。

荷兰豆拌蹄根

⏱ 制作时间 **15分钟**

材料 荷兰豆100克，泡发蹄根200克，胡萝卜50克，蒜5瓣

调料 盐3克，鸡精1克，酱油2克，香油、花生油各5克，糖少许

做法

① 荷兰豆择去头尾筋，洗净，切小段，泡发。蹄根洗净，切段。胡萝卜去皮，洗净，切成菱形小块。蒜去皮剁蓉。

② 锅上火，加入适量清水，放入少许油、盐、糖，水沸后，放入切好的原材料，焯熟，捞出沥干水分，盛入碗内。

③ 调入鸡精、盐、酱油、香油、花生油、蒜蓉，拌匀摆盘即可。

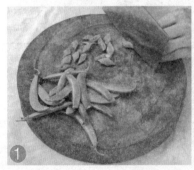  

荷兰豆拌菊花

⏰ 制作时间 **15分钟**

材料 荷兰豆150克，菊花瓣50克，红椒5克

调料 盐3克，味精5克，生抽、香油各10克

做法

❶ 荷兰豆去头尾洗净，切丝。

❷ 菊花瓣洗净备用。

❸ 红椒去蒂洗净，切片。

❹ 将所有原材料入水中焯熟，装盘待用。

❺ 盐、味精、生抽、香油调成味汁待用。

❻ 在荷兰豆、菊花、红辣椒上淋上味汁，搅拌均匀即可。

凉拌四季豆

⏰ 制作时间 **9分钟**

材料 四季豆300克，红辣椒10克，大蒜15克

调料 盐3克，酱油10克，麻油适量

做法

❶ 四季豆去老筋，洗净，对切一半，放入开水中锅焯熟，捞出。

❷ 将四季豆浸入冷开水中泡凉，盛起，加入盐调拌均匀。

❸ 红辣椒洗净，切丝；大蒜去皮，切末。

❹ 将红辣椒丝、大蒜末一起放入小碗中加酱油、麻油调匀，做成味汁。

❺ 将味汁淋在烫好的四季豆上即可端出。

菊花拌四季豆

⏰ 制作时间 **10分钟**

材料 四季豆250克，菊花瓣25克，红椒5克

调料 味精5克，盐3克，生抽、香油各10克

做法

❶ 菊花瓣洗净，放入水中焯熟；捞出，沥水，备用。

❷ 四季豆去筋洗净，切丝，入开水中烫熟。

❸ 红椒洗净切丝。

❹ 将盐、味精、生抽、香油调匀，淋在四季豆上，拌匀。

❺ 放上菊花瓣、红椒即可。

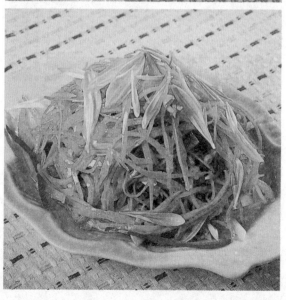

芥蓝

食疗作用：芥蓝性凉，味甘、辛，具有利水化痰、解毒祛风、增进食欲、促进消化、防治便秘、消暑祛热的功效。

芥蓝选购与保存

购买芥蓝应选择叶片颜色翠绿鲜嫩、菜杆粗细适中的。芥蓝应在低温、阴凉处储存。

烹调妙招

芥蓝味苦，可在翻炒时放入糖、料酒或豉油，以减少苦涩感。芥蓝不易熟透，其所需的烹制时间较长，因此用芥蓝熬汤时要多放一些水。

冰镇芥蓝

⏰ 制作时间 **8分钟**

材料 芥蓝头300克，冰粒适量

调料 日本青芥辣5克，酱油5克

做法

① 芥蓝头洗净，取一小碟装上酱油和青芥辣做调料。

② 取一盘，铺上冰粒作底。

③ 锅置火上，注水烧开，放入芥蓝头焯烫至熟，捞出。

④ 将芥头蓝摆在盘中的冰粒上。

⑤ 食用时蘸取调料即可。

冰镇红椒芥蓝

⏰ 制作时间 **7分钟**

材料 芥蓝400克，甜椒30克，冰块800克

调料 盐3克，味精2克

做法

① 芥蓝洗净；甜椒洗净，切圈备用。

② 将上述材料放入开水中稍烫，捞出，沥干水分，放入容器。

③ 加盐、味精、甜椒搅拌均匀。

④ 将腌过的芥蓝放在冰块上即可。

芥蓝桃仁

⏰ 制作时间 9分钟

材料 芥蓝200克,核桃仁80克

调料 红椒5克,盐3克,味精2克,生抽10克

做法

① 芥蓝摘去叶子,去皮,洗净,切成小片,备用。

② 红椒洗净,切成小片。

③ 将芥蓝放入开水中焯熟,捞出,沥水。

④ 芥蓝、核桃仁、红椒装盘,淋上盐、味精、生抽,搅拌均匀即可。

芥蓝拌腊八豆

⏰ 制作时间 9分钟

材料 芥蓝250克,腊八豆80克

调料 红椒5克,盐3克,味精2克,生抽、辣椒油各10克

做法

① 芥蓝去皮,洗净,放入开水中烫熟,沥干水分。

② 红椒洗净,切成丁,放入水中焯一下。

③ 将盐、味精、生抽、辣椒油一同放入碗中,调匀,做成味汁。

④ 将味汁淋在芥蓝上。

⑤ 加入红椒、腊八豆拌匀即可。

爽口芥蓝

⏰ 制作时间 8分钟

材料 芥蓝头300克,红椒15克

调料 盐、味精、白糖、胡椒粉各3克,醋、香油各15克

做法

① 芥蓝头去皮,切片。

② 红椒洗净切片,与芥蓝头一同放入开水中焯一下捞出装盘。

③ 调入白糖、醋、盐、味精、胡椒粉、香油拌匀即可。

小贴士❀ 芥蓝头又叫芥蓝,是介于大头菜和包心菜之间的蔬菜,维生素含量十分丰富。

芹菜

◆**食疗作用**：芹菜性凉，味甘、苦，具有健胃、增进食欲、通便利水、清热平肝、健脑、促进血液循环、降血压、降血脂、保护血管、缓解头晕头痛、保持肌肤健美、减肥之功效。

芹菜的选购

芹菜分为香芹(药芹)和水芹(白芹)两个品种，香芹优于水芹。在选购时，要选择茎不太长（一般20～30厘米最佳），菜叶翠绿，茎粗壮的。通常食用只取茎，但根和叶也可食用。

保鲜芹菜

吃剩的芹菜过一两天便会脱水变干、变软。为了保鲜可以用报纸将剩余的芹菜裹起来，用绳子将报纸扎住，将芹菜根部立于水盆中，将水盆放在阴凉处，这样芹菜可保鲜一周左右，不会出现脱水、变干的现象，食用时依然新鲜爽口。

西芹苦瓜

⏰ 制作时间 **6分钟**

材料 苦瓜、西芹各100克，红椒30克

调料 盐、味精各3克，香油10克

做法

① 苦瓜去籽，洗净，切片。

② 西芹洗净，切片。

③ 红椒洗净切菱形片。

④ 将苦瓜、西芹、红椒分别入开水锅焯水后，捞出沥水。

⑤ 将苦瓜、西芹、红椒摆入盘中。

⑥ 调入盐、味精，淋入香油即可。

西芹拌芸豆

⏰ 制作时间 **12分钟**

材料 西芹100克，芸豆150克，甜椒30克

调料 盐3克，醋10克，糖15克，香油适量

做法

① 西芹洗净，切成斜段。

② 甜椒洗净，切块。

③ 芸豆用清水浸泡备用。

④ 将芸豆放入开水中煮熟，捞出，沥干水分；西芹、甜椒在开水中稍烫，捞出。

⑤ 将芸豆、西芹、甜椒放入一个容器，加醋、糖、盐、香油搅拌均匀，装盘即可。

芹菜蘸酱

⏰ 制作时间 **5分钟**

材料 芹菜300克

调料 盐4克，味精2克，芥末3克，酱油、辣椒油各适量

做法

① 芹菜洗净，取茎切段备用。

② 将芹菜段放入开水中稍烫，捞出，沥干水分，放在盘中。

③ 将芥末、盐、味精、辣椒油一同放入碗内拌匀，调成酱汁。

④ 取芹菜段蘸食即可。

芹菜拌干丝

⏰ 制作时间 **10分钟**

材料 芹菜、干丝各150克，红辣椒1支，大蒜1瓣，胡萝卜50克

调料 盐3克，麻油15毫升，胡椒粉2克

做法

① 芹菜摘除叶片，洗净切段。

② 干丝泡水，洗净。

③ 胡萝卜去皮，切丝。

④ 大蒜去皮，切末。

⑤ 红辣椒洗净，去蒂，切丁。

⑥ 锅中倒半锅水烧热，放入芹菜、干丝及胡萝卜煮熟，捞起沥干，盛在盘中，加入蒜末及调味料搅拌均匀，最后撒上红辣椒丁即可端出。

西芹拌桃仁

制作时间
9分钟

材料 西芹100克，核桃仁150克，甜椒50克

调料 盐3克，味精2克，醋10克

做法

① 西芹洗净，斜切小段。

② 甜椒洗净，切块。

③ 核桃仁去皮，用温水浸泡备用。

④ 将西芹、甜椒、核桃仁在开水中稍微烫一下，捞出，沥干水分。

⑤ 将所有材料放在一个容器内，加盐、味精、醋、香油拌匀。

⑥ 食用时装盘即可。

酱汁西芹

制作时间
6分钟

材料 西芹150克

调料 水淀粉15克，酱油10克，盐3克，味精2克，植物油适量

做法

① 西芹摘去叶子和老茎，洗净，切成小段，放入开水中烫熟，沥干水分，装盘。

② 锅置火上，入油烧热，放入水淀粉、酱油、盐、味精勾芡。

③ 将芡汁淋在西芹上即可。

花生拌芹菜

制作时间
20分钟

材料 花生仁200克，芹菜250克

调料 豆油、酱油各10克，盐、味精、白糖、醋、花椒油各适量

做法

① 锅内放豆油，烧热，放入花生仁，炸酥时捞出。

② 炸好的花生仁去掉膜皮。

③ 将芹菜摘去根、叶，切成3厘米长的段，放开水锅中焯一下后捞出，用冷水过凉，沥干。

④ 把酱油、盐、白糖、味精、醋、花椒油放在小碗内调好味，做成味汁。

⑤ 将味汁浇在芹菜和花生仁上拌匀，即可食用。

凉拌芹菜叶

制作时间
10分钟

材料 芹菜嫩叶250克，香豆腐干100克

调料 白糖、香油、酱油各5克，味精、盐各少许

做法

① 将芹菜叶清洗干净，放开水锅中烫一下即捞出，沥水，摊凉。

② 将芹菜叶剁成细末，放入菜盘中，撒上盐，搅拌均匀。

③ 将香豆腐干放入开水锅中烫一下，捞出，切成小丁。

④ 将香豆腐干丁撒在芹菜叶末上，加入酱油、白糖、香油和味精，拌匀即可。

玫瑰西芹

制作时间
8分钟

材料 西芹300克，玫瑰花瓣适量

调料 盐3克，味精1克，醋6克，红椒少许

做法

① 西芹洗净，切成薄片。

② 红椒洗净，切丝。

③ 锅内注水烧沸，放入西芹片稍焯后，捞起沥干并装入盘中。

④ 加入盐、味精、醋拌匀，撒上红椒丝，用玫瑰花瓣点缀即可。

清口芹菜叶

制作时间
6分钟

材料 芹菜叶350克

调料 盐、蒜泥、花椒油各3克，味精2克，辣椒碎4克，香油适量

做法

① 将芹菜叶洗净，备用。

② 锅上火，加水烧沸，下入芹菜叶焯水后捞起，用清水冲凉，沥干水分，备用。

③ 碗内调入盐、味精、辣椒碎、蒜泥、花椒油、香油搅匀。

④ 倒入芹菜叶，搅匀装盘即可。

香芹油豆丝

制作时间
10分钟

材料 芹菜150克，油豆腐150克

调料 红椒15克，盐3克，味精5克，香油、酱油各10克

做法

① 芹菜洗净，切成段，放入开水中烫熟，沥干水分。

② 油豆腐洗净，切成丝，入锅烫熟后捞起。

③ 红椒洗净，切成丝，放入水中焯一下。

④ 将盐、味精、酱油调成汁。

⑤ 将芹菜、油豆腐丝、红椒加入汁一起拌匀，淋上香油即可。

香干杂拌

制作时间
10分钟

材料 芹菜250克，香干、胡萝卜各25克

调料 甜椒10克，香油、生抽各10克，盐3克，鸡精5克

做法

① 香干洗净，切成丝。芹菜洗净，切段。

② 胡萝卜、甜椒均洗净，切丝。

③ 将香干、芹菜、胡萝卜、甜椒放入加盐的热水中，烫熟，捞起沥干水分，装盘。

④ 将香油、生抽、鸡精、盐一同入碗拌匀，调成味汁。

⑤ 将味汁淋在香干、芹菜、胡萝卜、甜椒上，搅拌均匀即可。

菜心

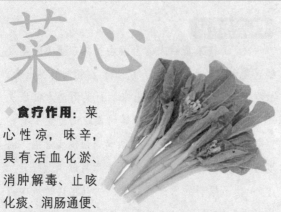

◆**食疗作用**：菜心性凉，味辛，具有活血化淤、消肿解毒、止咳化痰、润肠通便、美容、促进血液循环、去腐生肌、降血脂之功效。

◆**适宜人群**：适合高血压、高脂血症、丹毒、肿痛脓疮、皮肤疮疖和乳痈、口角炎、口腔溃疡、牙龈出血、咳嗽多痰、风热感冒等病症患者食用。

菜心的选购与保存

购买菜心时应选择颜色翠绿、油亮、无黄烂叶、无虫迹、无药痕的。菜心应在低温、阴凉处储存，或装入袋中放入冰箱储存。

菜心的烹制

可炒食、熬粥、煲汤、入馅等。菜心应现做现切，否则会流失掉大量营养素。应禁食过夜的熟菜心。

野蘑菇拌菜心　制作时间8分钟

材料 野蘑菇200克，菜心200克
调料 盐3克，味精2克，醋5克，生抽10克
做法
1 野蘑菇洗净备用。
2 菜心洗净备用。
3 将野蘑菇、菜心分别入水中焯熟后，捞出沥干。
4 将盐、味精、醋、生抽一同放入碗内拌匀，调成汤汁。分别淋在野蘑菇与菜心上搅拌均匀。
5 再将野蘑菇与菜心装入盘中即可。

米椒广东菜心　制作时间6分钟

材料 小米椒50克，广东菜心200克
调料 盐3克，醋6克，生抽10克
做法
1 小米椒洗净，切小段，用沸水焯一下待用。
2 菜心洗净，备用。
3 锅内注水烧沸，放入菜心焯熟后，捞起沥干装入盘中。
4 将盐、醋、生抽、米椒段一同入碗内拌匀，调制成味汁。
5 将味汁浇在菜心上面即可。

野菜

◆ **食疗作用**：野菜富含蛋白质、脂肪、糖类及多种维生素、矿物质和植物纤维，有利于强身健体，提高机体免疫力。

热水浸泡去野菜涩味

一般蔬菜的涩味可用盐搓或浸泡的方法除去。但野菜的纤维既粗又硬，所以有很重的涩味，得用热水浸泡才能除去涩味，也可加入少量碳酸钾浸泡。

干制野菜存储

（1）将采集回来的野菜去掉其杂质（嫩茎及鳞茎需去掉其根部和叶子），把粗细相同的挑出来，放在一起。（2）将挑选出来的野菜用清水彻底洗净后沥干水分。（3）升温烘烤或晾晒野菜（有些需要用热水烫一下），人工烘烤时应逐步加温，温度应维持在55℃～60℃。待干燥后再逐步地降温。（4）由于原料的水分被蒸发，所以在烘烤房内应定时通风排湿。（5）人工干燥期间，应把烘盘前后、左右地倒换，使其受热均匀，干燥的程度应一致。自然干燥期间，要经常翻动，有时还需揉搓，使其均匀干燥。

凉拌枸杞芽

⏰ 制作时间 7分钟

材料 枸杞芽350克，枸杞10克

调料 盐3克，香油适量，味精2克

做法

① 枸杞芽洗净，枸杞洗净，泡发。

② 锅置火上，注水适量烧沸，下入枸杞芽烫至变色后，捞出。

③ 将枸杞芽挤干水分，装盘。

④ 撒上枸杞，再加入盐、味精、香油拌匀即可。

风味茼蒿

⏰ 制作时间 6分钟

材料 茼蒿、花包菜各150克，红椒丝20克

调料 盐、味精各3克，熟芝麻、香油各适量

做法

① 茼蒿、花包菜均洗净。

② 将茼蒿、花包菜与红椒丝分别入沸水锅中焯水后，捞出沥干。

③ 将备好的材料调入盐、味精搅拌均匀，淋入香油。

④ 装入盘中，撒上熟芝麻即可。

蒜蓉益母草

⏱ 制作时间
6分钟

材料 益母草200克，蒜10克，彩椒20克

调料 日本青芥辣5克，鸡精2克，食用油、盐、糖各适量，麻油、花生油各5克

做法

① 益母草洗净去根切小段，蒜去皮剁末，彩椒切细丝。

② 锅上火，注入适量清水，加入少许食用油、盐、糖，待水沸，下益母草焯一下，捞出沥干水分，装入碗中。

③ 调入日本青芥辣、蒜蓉、盐、鸡精、麻油、花生油拌匀，装入装饰盘中，撒上彩椒丝即可上席。

干椒炝拌茼蒿

制作时间 7分钟

材料 茼蒿300克，干椒50克

调料 白糖3克，酱油10克，香油5克，盐、味精各少许

做法

① 干椒洗净后剪成小段。

② 锅置火上，入油烧热，将干椒放入热锅中炝出香味。

③ 将茼蒿去根和老叶，清洗干净，放沸水内烫熟，捞出晾凉后再于水中漂凉，捞出。

④ 将炝好的干椒倒入茼蒿上，加调味料一起拌匀即可。

葱油万年青

制作时间 7分钟

材料 万年青500克，葱油20克

调料 盐3克，味精3克，香油10克

做法

① 将万年青洗净，切好。

② 将万年青放入开水中焯熟，捞出沥干水，装盘晾凉。

③ 把调味料一起放入碗内，搅拌均匀，调成调料汁。

④ 将调味汁均匀淋在盘中的万年青上即可。

生拌莲蒿

制作时间 10分钟

材料 莲蒿200克

调料 盐、味精各3克，熟芝麻、香油各8克

做法

① 莲蒿洗净，放入沸水中焯水后捞出，沥干水分。

② 调入盐、味精拌匀。

③ 撒上熟芝麻，淋入香油即可。

小贴士 ❀ 在蔬菜焯水之前，往水里加点盐，在投入蔬菜后，往水里加点油。盐的渗透作用可使蔬菜在较长时间内不变色，而油则包裹在蔬菜表面，阻滞了水和蔬菜接触，减少养分流失。

三色姜芽

🕐 制作时间 **10分钟**

材料 姜芽、圣女果、黄瓜各100克

调料 盐、味精各3克，香油适量

做法

① 姜芽去皮，洗净；圣女果洗净，对切；黄瓜洗净，切片。

② 将姜芽、圣女果、黄瓜一起放入碗中，调入盐、味精、香油搅拌均匀即可食用。

小贴士✿清洗圣女果时，可用盐水冲，但是不要在水中浸泡太长时间，否则圣女果中的维生素会流失，使营养价值降低，而且溶解于水中的农药也有可能反渗入圣女果。

客家一绝

🕐 制作时间 **8分钟**

材料 粉丝250克，洋葱20克，红椒5克

调料 香菜、干红椒各5克，盐3克，味精5克，老抽10克

做法

① 粉丝泡发，洗净备用。

② 洋葱洗净，切条。

③ 红椒去蒂洗净，切丝。

④ 香菜洗净。干红椒洗净，切段。

⑤ 将粉丝、洋葱、红椒分别入水中焯熟，捞出沥干，装盘。

⑥ 加盐、味精、老抽，撒上干红椒、香菜即可。

香辣折耳根

🕐 制作时间 **10分钟**

材料 折耳根100克

调料 盐、味精、陈醋、生抽、香油、炒辣椒粉各2克，辣椒油3克，白糖4克

做法

① 折耳根洗干净，切成小段。

② 将折耳根放入盆内，加盐、味精、白糖、陈醋、生抽拌匀，腌一会儿。

③ 入味后放辣椒油、香油装盘，撒上炒辣椒粉即可。

小贴士✿折耳根即鱼腥草，被称为"草药之王"，有清热解毒、利尿消肿、排除毒素的作用。用折耳根泡水喝，每天饮8杯，坚持两周以上，可以减肥。

凉拌龙须菜

制作时间
6分钟

材料 龙须菜200克，胡萝卜10克，红椒15克，蒜、葱各5克

调料 盐3克，味精2克，辣椒油、香油各8克，糖适量

做法

① 龙须菜择洗干净，切段。胡萝卜去皮，切丝。红椒去蒂托、籽，切丝。蒜、葱洗净切末。

② 锅上火，注入适量清水，加少许油、盐、味精、糖，烧至水沸。下龙须菜、胡萝卜丝、红椒丝焯熟，捞出，放入冰水中泡约2分钟，再捞出冲凉水后沥干水分，盛入碗中。

③ 调入少许盐、味精、蒜蓉、葱末、辣椒油、香油拌匀，装盘即可。

拌桔梗

材料 桔梗250克

调料 辣椒粉5克，白糖3克，盐适量，醋8克，芝麻6克

做法

① 将桔梗去皮撕成条，拌入适量盐，揉搓后用清水反复冲几遍至桔梗干净。

② 将桔梗用盐腌入味。

③ 将洗腌过的桔梗挤去水分。

④ 放辣椒粉、白糖、醋、盐、芝麻拌匀，装入盘内即成。

农家杂拌

材料 胡萝卜、黄瓜、生菜、莴笋各50克，紫包菜适量

调料 盐3克，味精1克，醋6克，老抽10克，辣椒油15克

做法

① 胡萝卜洗净，切片；黄瓜洗净，切片；生菜洗净，切丝；莴笋去皮洗净，切丝；紫包菜洗净，切丝；将所有原材料入水中焯熟，装盘。

② 用盐、味精、醋、老抽、辣椒油调成汁，食用时蘸汁即可。

大丰收

材料 白萝卜、黄瓜、胡萝卜、生菜、圣女果、大葱各100克

调料 盐5克，味精5克，酱油20克，香油10克

做法

① 生菜、圣女果洗净。

② 白萝卜、黄瓜、胡萝卜、大葱均洗净，切长段。

③ 将白萝卜、黄瓜、胡萝卜、大葱同生菜一起入沸水中焯熟，加入圣女果一起装盘。

④ 锅烧热加油，下各调味料煮汁，舀出装碗做蘸料即可。

凉拌银鱼秋葵

⏰ 制作时间
15分钟

材料 秋葵250克，银鱼50克，大蒜10克

调料 酱油10克，糖15克，醋、麻油各适量

做法

① 秋葵洗净，去蒂。

② 银鱼泡水，洗净。

③ 将秋葵、银鱼分别放入开水中烫熟，捞出，浸入冷开水中，待凉盛入盘中备用。

④ 大蒜去皮，切末，放入小碗中，加调味料搅拌均匀。

⑤ 将味汁淋入秋葵及银鱼盘中拌匀，即可端出。

香干马兰头

⏰ 制作时间
7分钟

材料 香豆干80克，马兰头200克

调料 盐5克，麻油15克，鸡粉10克

做法

① 马兰头洗净，过沸水，冲凉，挤干，剁碎。

② 香豆干过沸水，切碎；香豆干、马兰头拌在一起加调味料。

③ 最后淋上麻油即可。

小贴士 ✿ 选用若干马兰头及豆腐干，用马兰头拌豆腐干并少放调料，对气管炎有很好的辅助治疗作用。

笋丝折耳根

 ⏰ 制作时间
6分钟

材料 折耳根200克，青笋50克

调料 盐、味精、蒜米、白糖各5克，姜末6克，陈醋15克，辣椒油10克

做法

① 折耳根洗净，青笋洗净切丝。

② 将各调味料放入碗中搅匀。

③ 再将折耳根、青笋丝放入调味料中搅匀装盘。

小贴士 ✿ 吃剩的青笋可以用纸袋装起来放入冰箱，或者用干净的湿布包好后装入塑料袋内，再放到冰箱即可。

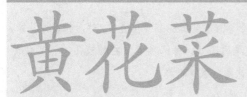

黄花菜

◆ **食疗作用**：黄花菜性凉，味甘，具有清热解毒、止血消炎、生津止渴、利尿通乳、解酒毒、消食通便、安神明目、健脑、抗衰老、降低血压、排毒养颜等功效。

◆ **适宜人群**：适合肠道癌、高血压、发热、流感、神经衰弱、健忘失眠、口腔溃疡、口干舌燥、贫血、出血病、小便不利、产后缺乳、消化不良、便秘、眼疾等病症患者食用。

黄花菜的选购与储存

选购黄花菜时应以鲜嫩洁净、质地饱满、无杂质的为佳。应放置在干燥、阴凉、低温、通风处储存。

黄花菜的烹制

先将黄花菜用水焯一下，再用凉水浸泡两小时以上，以去除其含有的有害物质秋水仙碱，再用大火烹熟食用。

魔芋拌黄花菜 ⏱制作时间 20分钟

材料 魔芋丝结150克，黄花菜35克，青、红椒各5克
调料 味精、盐各3克，香油10克

做法

① 魔芋丝结洗净，放入开水中烫熟，装入盘底。

② 黄花菜洗净，放入水中焯一下，捞出，沥水后倒入魔芋丝结上。

③ 青、红椒洗净，切成丝。

④ 将味精、盐、香油调匀，淋入魔芋丝结、黄花菜上，拌匀。

⑤ 再撒上青、红椒丝即可。

炝拌黄花菜 ⏱制作时间 10分钟

材料 黄花菜250克，蒜、胡萝卜各适量
调料 盐、味精各2克，白糖适量，辣椒面5克

做法

① 黄花菜用凉开水洗净，泡约3小时至发，中途换水1次；蒜切蓉状。

② 将黄花菜捞出，沥干水分，胡萝卜洗净切成细丝。

③ 将切好的黄花菜与胡萝卜丝一同放入盘中，加蒜蓉、辣椒面拌成糊状。

④ 调入盐、味精，拌匀，撒上白糖即可。

青椒

净的塑料袋里，并留些空气在袋中，然后将袋口扎紧，放在通风阴凉处，每隔3天左右检查1次，可使青椒汁液饱满，保持新鲜。

◆ **营养分析**：青椒具有温中下气、散寒除湿、发汗、增进食欲、帮助消化、通便、缓解肌肉疼痛、抗氧化、增强体力、降脂减肥、消除皮肤皱纹、润滑肌肤之功效。

青椒的选购与存储

购买青椒应以果肉肥厚、形状周正匀称、无腐烂、无虫蛀、无病斑、肉质鲜嫩的为佳。将青椒装入干

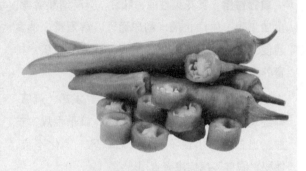

凉拌虎皮椒
⏰ 制作时间 **12分钟**

材料 青椒150克，红椒150克，葱10克

调料 盐5克，酱油3克，老抽5克

做法

① 青、红椒洗净后分别切去两端蒂头。

② 锅盛油加热后，下入青、红椒炸至表皮松起状时捞出，盛入盘内。

③ 虎皮椒内加入所有调味料一起拌匀即可。

小贴士 ❀ 做虎皮椒最好选用个头大、皮薄、肉厚的青红椒。

凉拌青红椒丝
⏰ 制作时间 **10分钟**

材料 青椒150克，红椒150克，姜20克

调料 盐5克，味精3克

做法

① 青、红椒洗净后，去蒂、去籽，切成丝；姜去皮，切成丝。

② 青、红椒丝内加入盐腌渍5分钟后，挤去盐水，装入盘中。

③ 再加入姜丝一起拌匀。

④ 调入盐、味精，拌匀即可。

萝卜

◆ **营养分析**：萝卜性凉，味甘、辛，具有下气宽中、增进食欲、消除积食、化痰清热、解毒、增强人体免疫力、促进新陈代谢、减肥之功效。

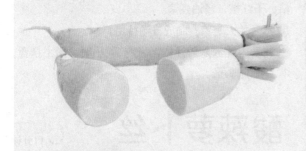

萝卜的选购与存储

选购萝卜应以大小均匀、根形圆整、肉质坚实、无病变、无损伤、表皮细嫩光滑、体型较小的为佳。可放入袋中或埋入土里，应注意低温、干燥、阴凉、通风储存；也可用保鲜膜包好放入冰箱，可保存二至三周。

萝卜的烹饪

萝卜从顶部至以下3至5厘米处质地有些硬，宜于切丝、切条，快速烹调，也可煮汤和做馅，味道极佳；萝卜中段含糖量较多，质地较脆嫩，可切丁做沙拉，或切丝用糖、醋凉拌，炒或煮也很可口；萝卜从中段到尾段有些辛辣，可开胃、助消化，可用来做腌拌菜，也可做炖菜、炒食或煲汤食用。

拌五色时蔬

⏰ 制作时间 **8分钟**

材料 胡萝卜150克，心里美萝卜200克，黄瓜150克，凉皮200克，香菜少许，肉丝少量

调料 盐、味精各3克，醋适量

做法

① 胡萝卜洗净，切丝。

② 心里美萝卜去皮洗净，切丝。

③ 黄瓜洗净，切丝。

④ 香菜洗净。

⑤ 将所有原材料入水中焯熟。

⑥ 把调味料调匀，与原材料一起装盘拌匀即可。

白萝卜泡菜

⏰ 制作时间 **5分钟**

材料 白萝卜250克，莴笋100克，红辣椒50克

调料 子姜10克，盐20克，红糖20克，白酒20克，白醋50克，老姜10克

做法

① 姜去皮洗净切块，把调味料放坛中备用。

② 将凉开水注入坛中，在坛沿内放水。

③ 将各种原材料洗净，切成长方条，晾干水分，放入坛内用盖子盖严。

④ 泡菜坛子放室外凉爽处1~2天，即可取出食用。食用时可依个人口味淋上红油、撒上葱花。

香脆萝卜

⏱ 制作时间
6分钟

材料 白萝卜500克

调料 盐、醋、白糖、味精、干红椒、酱油、香油各适量

做 法

① 萝卜洗净，去皮，切成圆片。

② 煮锅置火上，加入清水，放入盐、醋、白糖、味精、干红椒、酱油煮滚。

③ 然后关火晾凉，制成酱汤待用。

④ 将萝卜片放入酱汤中，酱约24小时，捞出摆盘，淋上香油即可。

酸辣萝卜丝

⏱ 制作时间
11分钟

材料 白萝卜300克，蒜、葱各5克

调料 盐5克，红油10克，辣椒粉10克

做 法

① 萝卜去皮后洗净，切成细丝，盛入盘内。

② 葱洗净切花。

③ 蒜去皮，切片。

④ 白萝卜丝加入盐腌5分钟后，挤去水分和辣味。

⑤ 再加入葱花、蒜片，撒上辣椒粉，倒入红油，调入盐，一起拌匀即可。

白萝卜莴笋泡菜

⏱ 制作时间
13分钟

材料 白萝卜、莴笋各80克，红椒50克

调料 盐、花椒、八角、白酒、白糖、醋、香油各适量

做 法

① 将白萝卜洗净，切块。

② 莴笋洗净，去皮，切块。

③ 红椒洗净，切块。

④ 泡菜坛子中放入温开水、盐、花椒、八角、白酒、白糖、醋，将白萝卜、莴笋、红椒放入，密封浸泡1天，捞出盛盘。

⑤ 在盘中淋上香油即可。

清凉三丝

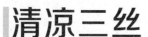

⏰ 制作时间
10分钟

材料 芹菜丝、胡萝卜丝、大葱丝、胡萝卜片各适量

调料 盐、味精各3克，香油适量

做法

① 芹菜丝、胡萝卜丝、大葱丝、胡萝卜片分别放入沸水锅中焯水后，捞出。

② 胡萝卜片摆在盘底，其他材料摆在胡萝卜片上，调入盐、味精拌匀。

③ 淋上香油即可。

小贴士✿ 胡萝卜分为多种，颜色各异，无论选购哪种胡萝卜都应选择色泽鲜艳、质地均匀光滑、颜色较深、个体短小的。

冰镇三蔬

⏰ 制作时间
12分钟

材料 黄瓜、胡萝卜、西兰花各150克，冰块800克

调料 盐3克，味精2克，酱油10克

做法

① 黄瓜洗净，去皮，切薄长片。

② 胡萝卜洗净，切薄长片。

③ 西兰花洗净，备用。

④ 西兰花放入开水中，稍烫，捞出，沥干水。

⑤ 将盐、味精、酱油一同放入碗中，加适量凉开水调成味汁。

⑥ 将备好的材料放入装有冰块的冰盘中冰镇，食用时蘸味汁即可。

泡青萝卜

⏰ 制作时间
10分钟

材料 青萝卜200克

调料 盐2克，糖、辣椒粉各 5克，味精3克，蒜15克

做法

① 萝卜去头尾，用凉开水洗净，切成长条。

② 青萝卜放入碗中，用少许盐腌渍，变软为止。

③ 将腌渍好的青萝卜用凉开水冲洗，以去掉盐分，沥干水分。把辣椒粉和所有调味料搅拌成糊状，倒入青萝卜中，拌匀即可。

拌水萝卜

制作时间 **10分钟**

材料 小水萝卜350克

调料 大蒜5克，芝麻酱2克，葱5克

做法

①水萝卜洗净，切开，放入沸水中焯水后，捞出装盘。

②大蒜去皮，剁成蓉。

③葱洗净，切花。

④锅置火上，加油烧热，放入蒜蓉、芝麻酱炒香即成味汁。

⑤起锅将味汁淋在水萝卜上拌匀，再撒上葱花即可。

油辣萝卜丁

制作时间 **340分钟**

材料 萝卜干250克，剁椒10克，红油5克

调料 盐2克，味精、糖各适量

做法

①萝卜干在净水中泡5小时。

②取出萝卜干，切成丁，用凉开水冲洗干净。

③将剁椒、红油和调味料搅拌成糊状，和萝卜干拌匀即可。

小贴士 可以尝试加点芥末在泡菜里，可以使泡菜色、香、味俱佳。

朝鲜泡菜

制作时间
2天

材料 白萝卜300克，包菜、胡萝卜各100克

调料 盐15克，辣椒粉50克，酱油20克，生姜、大蒜、虾酱各适量

做法

① 白萝卜洗净，去皮，切片。

② 包菜洗净，切块。

③ 胡萝卜洗净，切片备用。

④ 将上述原材料晾干水分，放入加有盐、辣椒粉、酱油、生姜、大蒜、虾酱、凉开水的泡菜坛中腌渍2天至发酵。

⑤ 食用前取出装盘即可。

风味萝卜皮

制作时间
1天

材料 白萝卜500克，红辣椒10克

调料 大蒜30克，小米椒20克，生抽20克，陈醋15克，盐30克，白糖50克，葱花10克，香油适量

做法

① 白萝卜洗净取皮，切块，用盐腌渍2小时，再用水将盐冲净。

② 蒜拍碎，米椒切碎，与生抽、陈醋、盐、白糖拌匀，装坛，加凉开水，放入萝卜皮。

③ 1天后取出萝卜皮。

④ 红辣椒切粒；将香油烧热，浇在盘中，撒葱花、椒粒即可。

爽口萝卜

制作时间
245分钟

材料 白萝卜150克，青椒5克，黄甜椒3克

调料 盐、味精、醋各5克，生抽10克

做法

① 萝卜洗净，去皮，切成条，放入水中焯一下，捞出，晾干；青椒、黄甜椒洗净，去籽，切丝。

② 碗中放上盐、醋，用清水调匀，放入萝卜腌渍4个小时，捞出，沥干水分，装盘。

③ 青椒、黄甜椒、盐、味精、生抽调匀，浇在萝卜上即可。

醋泡樱桃萝卜

制作时间 8分钟

材料 樱桃萝卜500克，红尖椒30克，陈醋30克

调料 盐5克，味精3克，香油10克

做法

① 将樱桃萝卜洗净，切十字花刀，放沸水中焯熟。

② 将樱桃萝卜捞出，沥水，装盘晾凉。

③ 红尖椒洗净，切成椒圈。

④ 把椒圈、陈醋和调味料一起放入碗内，调匀成味汁。

⑤ 将味汁均匀淋在樱桃萝卜上即可。

香菜拌心里美

制作时间 10分钟

材料 心里美萝卜600克，香菜、黄瓜各50克

调料 盐4克，鸡精2克，糖15克，醋20克，香油适量

做法

① 心里美萝卜洗净，去皮，切丝。

② 香菜洗净，切段。

③ 黄瓜洗净，切薄片放盘沿作装饰。

④ 将心里美萝卜加盐腌出水，挤掉水分，用清水冲洗几遍。

⑤ 加醋、糖、鸡精、香油搅拌均匀。

⑥ 再放入香菜搅拌均匀，装盘即可。

香菜胡萝卜丝

制作时间 6分钟

材料 胡萝卜500克，香菜20克

调料 盐4克，味精2克，生抽8克，芝麻油适量

做法

① 胡萝卜洗净，切丝。

② 香菜洗净，切段备用。

③ 将胡萝卜丝放入开水稍烫，捞出，沥干水分，放入容器。

④ 将香菜加入胡萝卜丝，加盐、味精、生抽、芝麻油搅拌均匀，装盘即可。

珊瑚萝卜卷

制作时间
12分钟

材料 泡胡萝卜300克，泡白萝卜200克

调料 红油10克

做法

①泡胡萝卜切细丝。

②泡白萝卜切薄片，备用。

③用切好的白萝卜片把胡萝卜丝包起，卷成萝卜卷，切菱形段。

④将切好的萝卜段摆入盘中。

⑤淋入红油即可上席。

酱萝卜干

制作时间
30分钟

材料 萝卜干300克

调料 盐3克，味精1克，醋8克，酱油15克

做法

①萝卜干洗净。

②将盐、味精、醋、酱油一同放入碗中，拌匀，调制成酱汁待用。

③锅内注水烧沸，放入萝卜干焯熟后，捞起沥干放入碗中。

④再用调好的酱汁腌渍20分钟。

⑤捞出装入盘中即可。

泡心里美

制作时间
10分钟

材料 心里美萝卜400克

调料 泡椒水80克，糖20克，盐3克

做法

①心里美萝卜洗净，去皮，切条备用。

②将盐加入心里美萝卜中，腌出水分。

③将萝卜用清水清洗几次，捞出，沥干水分，放入容器。

④加泡椒水、糖到容器中，搅拌均匀，腌好装盘即可。

酸拌心里美

制作时间
8分钟

材料 心里美萝卜300克

调料 盐3克，味精1克，醋6克，生抽10克

做法

1. 心里美萝卜洗净，切片。
2. 锅内注水烧沸，放入萝卜片焯熟后，捞起沥干装入盘中。
3. 加入盐、味精、醋、生抽拌匀即可。

小贴士 ❀心里美萝卜汁液中含有一种水溶性花青素。含有这种色素的蔬菜，经酸渍后颜色更加鲜艳。因此添加适量醋不仅可以改善凉菜口感，还可以使菜肴色泽更美观。

糖醋心里美

制作时间
10分钟

材料 心里美萝卜800克

调料 白糖、白醋各15克

做法

1. 心里美萝卜去皮，洗净切细丝备用。

2. 将心里美萝卜丝沥干水分，装入一个容器中，调入白糖、白醋拌匀。

3. 腌渍5分钟装盘即可。

爽脆心里美

制作时间 **80分钟**

材料 心里美萝卜200克

调料 蜂蜜15克，白糖20克

做法

① 心里美萝卜洗净，去皮，切成小块，放入水中焯一下。

② 碗中放上白糖、清水，放入心里美萝卜，腌渍60分钟。

③ 蜂蜜用温水调匀，做成味汁。

④ 将味汁淋在萝卜上即可。

青椒拌三萝

制作时间 **15分钟**

材料 青椒50克，花生米、苤蓝各30克，心里美萝卜、白萝卜、胡萝卜各100克

调料 盐4克，生抽8克，香菜、熟芝麻、醋各15克，葱5克

做法

① 心里美萝卜、白萝卜、苤蓝去皮，洗净，切成丝；青椒、胡萝卜洗净切成丝；香菜洗净切段；葱洗净，切花。

② 将备好的材料在开水中稍烫后捞出；花生米在油锅中炒熟，切碎；将上述所有材料放在一个容器中，加葱花、香菜、醋、生抽、盐、熟芝麻拌匀即可。

胡萝卜丝瓜酸豆角

制作时间 **10分钟**

材料 丝瓜、胡萝卜、酸豆角各80克

调料 味精、盐各3克，香油、生抽各10克

做法

① 丝瓜洗净，去皮和瓜瓤，切成小段，放入开水中烫熟，放入盘底。

② 胡萝卜洗净，去皮，切成小段，放入水中焯一下；酸豆角洗净，切成小段。

③ 将味精、盐、香油、生抽调匀，淋在丝瓜、胡萝卜、酸豆角上即可。

山西泡菜

 制作时间 5分钟

材料 白萝卜、胡萝卜各150克，青、红椒片各20克

调料 盐、味精各3克，泡红椒末、红油、醋各15克

做法

①白萝卜、胡萝卜均去皮，洗净切片。

②将盐、味精、醋加适量清水调匀做成泡菜味汁，备用。

③放入白萝卜、胡萝卜与青、红椒浸泡1天。

④将白萝卜、胡萝卜、青红椒取出，加泡红椒末、红油拌匀即可。

韩式白萝卜泡菜

 制作时间 7分钟

材料 白萝卜250克，生菜叶2片

调料 葱、蒜各30克，嫩姜20克，辣椒粉50克，盐、香油各5克，糖3克

做法

①白萝卜洗净，切大块；葱洗净切段，嫩姜去皮切末，大蒜去皮切末。

②白萝卜放盐，腌1小时后用冷开水洗去盐分，沥干水后放入小坛内，再加入其他调味料拌匀，密封，腌渍3天即可。

③食用时搭配新鲜生菜叶。

三色泡菜

 制作时间 5天

材料 胡萝卜400克，莴笋250克，包菜100克

调料 盐150克，生姜20克，白酒50克，大蒜25克，红椒100克，红糖30克

做法

①胡萝卜洗净，切丁。

②莴笋洗净去皮，切丁。

③包菜洗净备用。

④将备好的原材料晾干。

⑤将原材料放进有盐、生姜、白酒、大蒜、红椒、红糖、凉开水的泡菜坛中密封腌渍5天，捞出装盘即可。

炝拌萝卜干丝

 制作时间
70分钟

材料 萝卜干丝200克，蒜、辣椒面各10克

调料 盐、味精各2克，白糖3克

做法

①萝卜干丝用凉开水冲洗干净，蒜切蓉状。

②萝卜干丝用凉开水泡1分钟后取出，沥干水分。

③将切好的原材料、调味料与萝卜干丝搅拌均匀即可。

拌胡萝卜

制作时间
8分钟

材料 胡萝卜120克，香菜3克

调料 芝麻5克，姜、蒜各4克，食油15克，辣椒油10克，盐2克，味精1克，醋3克

做法

①姜、蒜洗净，切末备用；香菜择洗干净；胡萝卜去皮，洗净，切成细丝，摆盘，撒上葱花、香菜。

②锅内油烧至三成热，放入姜、蒜，爆香，盛出，装入碗里。

③调入盐、味精、芝麻、辣椒油，拌匀，淋在胡萝卜丝上，拌匀，即可食用。

豆芽

◆ **食疗作用**：豆芽性寒，味甘，具有滋润清热、利尿解毒、补气养血、明目、乌发、防止牙龈出血、降低胆固醇、淡化雀斑、促进青少年生长发育、健脑益智、抗疲劳等功效。

去豆芽豆腥味

食醋去豆腥：炒豆芽时，放食醋少许，就可去掉其豆腥味了。

黄油去豆腥：烧豆芽菜时，要先加点黄油，然后再加盐，就可去掉豆腥味了。

豆芽的烹制

炒豆芽应用旺火热油，不断地翻炒，且边炒边加入些水，可保持豆芽脆嫩。

黄豆芽拌荷兰豆 ⏰ 制作时间 9分钟

材料 黄豆芽100克，荷兰豆80克，菊花瓣10克

调料 红椒、盐各3克，味精5克，生抽、香油各10克

做法

① 黄豆芽掐去头尾，洗净，放入水中焯一下，沥干水分，装盘；荷兰豆洗净，切成丝，放入开水中烫熟，装盘。

② 菊花瓣洗净，放入开水中焯一下；红椒洗净，切丝。

③ 将盐、味精、生抽、香油调匀，淋在黄豆芽、荷兰豆上拌匀，撒上菊花瓣、红椒丝即可。

豆腐皮拌豆芽 ⏰ 制作时间 12分钟

材料 豆腐皮300克，绿豆芽200克，甜椒30克

调料 盐4克，味精2克，生抽8克，香油适量

做法

① 豆腐皮、甜椒洗净，切丝；绿豆芽洗净，掐去头尾备用。

② 将备好的材料放入开水中稍烫，捞出，沥干水分，放入容器里。

③ 往容器里加盐、味精、生抽、香油搅拌均匀，装盘即可。

紫包菜

◆**食疗作用**：紫包菜营养丰富，尤其含有丰富的维生素C、较多的维生素E和维生素B族，以及丰富的花青素甙和纤维素等，备受人们的欢迎。

紫包菜的烹制

紫包菜食法多样，可煮、炒食、凉拌、腌渍或作泡菜等，因含丰富的色素，是拌色拉或西餐配色的好原料。在炒或煮紫包菜时，要保持其艳丽的紫红色，在操作前，必须加少许白醋，否则，经加热后就会变成黑紫色，影响美观。

包菜可营养瘦身

一杯生包菜中含有34卡热量，约1.3克纤维，还有丰富的铁和钙。生包菜切碎拌入煮熟的黑豆中。或者切成细条，加少量肉汤煮，再在煮好的菜上面加几片薄薄的橙子片就可以了。

意式拌菜

⏰制作时间 **10分钟**

材料 小白菜50克，包菜100克，紫包菜100克，熟花生米50克，圣女果适量，熟芝麻少许

调料 盐3克，味精2克，醋5克，生抽10克

做法

①小白菜、包菜、紫包菜洗净撕开；圣女果洗净。

②小白菜、包菜、紫包菜入沸水中焯熟，沥干后同圣女果、熟花生一起放入碗中。

③加入盐、味精、醋、生抽、熟芝麻拌匀即可。

博士居大拌菜

⏰制作时间 **12分钟**

材料 紫包菜、青椒、红椒、黄瓜、粉丝、包菜、胡萝卜、豆腐皮各80克

调料 盐4克，味精2克，生抽8克，香油适量

做法

①紫包菜、青椒、红椒、黄瓜、胡萝卜、包菜、豆腐皮均洗净切丝。

②粉丝用温水泡发。

③以上原材料用沸水焯熟后，沥干入盘。

④加盐、味精、生抽、香油搅拌均匀即可。

农家乐大拌菜

⏱制作时间 **8分钟**

材料 紫包菜、青菜、圣女果各100克

调料 盐3克，味精1克，醋6克，熟芝麻少许

做法

①紫包菜、青菜洗净，撕片；圣女果洗净，对切。

②把紫包菜、青菜放入沸水中焯熟后同圣女果装盘。

③加入盐、味精、醋拌匀，撒上熟芝麻即可。

小贴士❀ 在种植紫包菜的进程中，要经常使用农药。要把紫包菜洗干净，最好用自来水不断冲洗，流动的水可避免农药渗入果实。洗净后再用清水浸泡5分钟。

蔬果拌菜

⏱制作时间 **12分钟**

材料 紫包菜、柠檬、橙子、樱桃萝卜、梨各适量

调料 野山椒10克，盐3克，味精2克，醋5克

做法

①紫包菜洗净撕片，柠檬、橙子、梨、樱桃萝卜均洗净切片。

②将紫包菜、樱桃萝卜焯熟后同其他原材料一起装盘。

③加入盐、醋、味精、野山椒拌匀即可食用。

小贴士❀ 洗紫包菜时，千万注意不要把紫包菜蒂去掉，以免农药渗入果实内部，也不要用洗涤剂浸泡紫包菜，以免造成二次污染。

西北拌菜

⏱制作时间 **15分钟**

材料 紫包菜、包菜、小白菜各150克，花生米50克

调料 盐4克，味精2克，生抽10克，醋15克，甜椒、芝麻各20克

做法

①紫包菜、包菜洗净，撕成小块；甜椒洗净，切成块；小白菜洗净，装盘。

②紫包菜、包菜、甜椒入锅焯烫，捞出装盘；花生米入锅炸熟，捞出装盘。

③将所有调料倒入盘中，拌匀即可。

白菜

◆**食疗作用**：白菜性微寒，味甘，具有解热除烦、止咳润肺、养胃生津、助消化、润肠排毒、通便、解渴利尿、解毒、消脂减肥、护肤养颜、增强人体免疫力、防治牙龈出血、促进伤口愈合、降低血压、降低胆固醇之功效。

白菜的存储

（1）要晾晒。要等白菜帮、叶白了以后发蔫了才能储存。白菜帮是保护白菜过冬的外衣，千万不能去掉。（2）晒干以后，单排摆在过厅或阳台均可。（3）存储大白菜就是后期怕冷，前期怕热。所以热时，可放在屋外，晚上要盖好；冷时，必须盖严实，防止冻坏，但是白天的时候最好打开通风。如果发现菜冻了，要立即转移到温度较低的室内（3℃～8℃），慢慢化冻，切记不要放到高温处化冻。（4）每隔五六天就要翻动一次白菜，根据菜的具体情况而定。要轻拿轻放。

白菜的烹制

◎切白菜时，要顺丝切，这样可使白菜易熟。

胭脂白菜

⏰ 制作时间 **5分钟**

材料 白菜300克，红椒适量

调料 盐2克，味精1克，玫瑰醋5克，香菜适量

做法

❶白菜洗净，切丝。

❷红椒洗净，切成丝。

❸香菜洗净。

❹锅内注水烧沸后，加入白菜丝与红椒丝焯熟后，捞起沥干水置于盘中。

❺向盘中加入盐、味精、玫瑰醋拌匀，撒上香菜即可。

红油白菜梗

⏰ 制作时间 **8分钟**

材料 白菜梗500克，红油、葱各5克

调料 盐5克，味精3克

做法

❶将白菜梗洗净，切成小段；葱洗净，切成葱花。

❷再在白菜梗内加入盐腌渍一会儿，挤出水分。

❸将红油、盐、味精加入白菜梗内一起拌匀即可。

小贴士❀洗净的白菜梗一定要横着切段，这样可以切断白菜的纤维，吃起来爽脆。腌制白菜梗时也可以根据个人口味添加适量姜丝、辣椒、醋等，口感会更好。

炝椒辣白菜

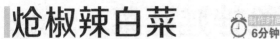

制作时间 6分钟

材料 红椒200克，白菜梗150克

调料 盐3克，味精2克，生抽8克，香油适量

做法

1. 白菜梗洗净，切条。

2. 红椒洗净，备用。

3. 将备好的原材料放入开水稍烫，捞出，沥干水分，放入容器中。

4. 盐、味精、生抽依次放在容器中的红椒和白菜梗上。

5. 锅置火上，注入香油烧开，倒入容器中与菜料搅拌均匀，装盘即可。

炝汁白菜

制作时间 8分钟

材料 大白菜400克

调料 盐4克，味精2克，酱油8克，香油、干辣椒、姜末各适量

做法

1. 大白菜洗净，放入开水稍烫，捞出，沥干水分。

2. 切成条，放入容器。

3. 锅置火上，放入油烧热，放入姜末煸出香味，加入干辣椒略炒。

4. 加盐、味精、酱油、香油炒匀。

5. 将炒好的汁浇在大白菜上，搅拌均匀，装盘即可。

果汁冰凉白菜

制作时间 6分钟

材料 鲜橘汁50克，白菜心250克

调料 红油、香油各10克，盐、味精各3克

做法

1. 白菜洗净，放入开水锅中焯水后捞出，沥干水分。

2. 白菜切丝，放入盘内。

3. 鲜橘汁放入冰箱冷藏20分钟后取出。

4. 向鲜橘汁里加盐、味精、香油、红油搅拌均匀，做成果味调味汁。

5. 将味汁淋在白菜上即可。

炝拌娃娃菜

制作时间 8分钟

材料 娃娃菜500克

调料 盐、味精、生抽、熟芝麻、干辣椒、香油各适量

做法

① 娃娃菜洗净，放入开水中稍烫，捞出，沥干水分。

② 将娃娃菜切成丝，放入容器。

③ 将干辣椒放入油锅中炝香后，加盐、味精、生抽炒匀。

④ 将炒好的味汁淋在娃娃菜上拌匀，撒上熟芝麻，淋上香油装盘即可。

鸡酱娃娃菜

制作时间 8分钟

材料 娃娃菜150克，鸡酱30克

调料 盐、味精各3克，生抽、香油各10克

做法

① 娃娃菜择去老叶，洗净，在梗中间切几刀。

② 将娃娃菜放入加盐的水中焯熟，沥干水分，装盘。

③ 将味精、生抽、香油调匀，做成味汁。

④ 将味汁淋在娃娃菜上，拌匀。

⑤ 将鸡酱淋在娃娃菜上即可。

爽口娃娃菜

制作时间 6分钟

材料 娃娃菜100克，红椒5克

调料 泡椒5克，盐3克，味精5克，醋、生抽各10克

做法

① 娃娃菜洗净，撕成小片，放入开水中烫熟。

② 红椒洗净，切成小段。

③ 泡椒切开。

④ 将盐、味精、醋、生抽调成味汁。

⑤ 将味汁淋在娃娃菜上。

⑥ 放上红椒、泡椒即可。

包菜

◆**食疗作用**：包菜性平，味甘，具有益心肾、健脾胃、增进食欲、促进消化、预防便秘、抑菌消炎、补血、迅速愈合溃疡、提高人体免疫力、预防感冒、强壮筋骨、防止出血、保护肝脏、美容养颜之功效。

包菜的选购与存储

包菜应选择颜色发绿、包卷结实、层次较松散、生脆鲜嫩、分量较重的。包菜应在低温、阴凉、通风处储存，或包上保鲜膜放入冰箱冷藏。

包菜的烹制

烹制包菜时，用甜面酱代替酱油，可使包菜无异味。

麻辣泡菜

⏰**制作时间**
315分钟

材料 包菜200克，青、红辣椒15克，大蒜10克，胡萝卜150克

调料 盐2克，味精、辣椒油各适量，糖少许

做法

①包菜、青辣椒、红辣椒、胡萝卜均洗净切成片。

②大蒜去皮剁成蓉状。

③将切成片的原材料用盐腌5小时。

④取出洗净切好的原材料。

⑤将调味料搅拌成糊状，和包菜等拌匀即可。

什锦泡菜

⏰**制作时间**
65分钟

材料 包菜200克，白萝卜80克，青、红辣椒各10克，胡萝卜适量

调料 盐2克，味精、糖各适量

做法

①包菜洗净，切成片。

②胡萝卜、白萝卜洗净，切块。

③包菜、萝卜、辣椒用盐腌制5小时。

④用凉开水将腌好的包菜、萝卜、辣椒洗净，沥干水分。

⑤再用糖醋水泡5小时即可。

辣包菜

制作时间 **12分钟**

材料 包菜400克，大蒜、干红辣椒、葱丝各10克，姜丝5克

调料 盐5克，香油、味精各少许

做法

① 包菜洗净，切丝；干红辣椒洗净，去蒂和籽，切细丝；大蒜切末。

② 将包菜丝放沸水中焯一下，捞出，再放凉开水中过凉，捞出沥干，盛盘。

③ 油锅烧至六成热，放葱丝、姜丝、辣椒丝、蒜末炒香，再加入盐、香油、味精，炒成调味汁，浇在包菜上，拌匀即可。

泡菜拼盘

制作时间 **8分钟**

材料 泡包菜、泡莴笋、泡胡萝卜、泡白萝卜、泡蒜薹、泡蒜头各100克

调料 红油、香油各适量

做法

① 泡包菜切块。

② 泡莴笋切丁。

③ 泡胡萝卜、泡白萝卜均切成小片。

④ 泡蒜薹切成小段。

⑤ 将泡蒜头与所有切好的泡菜装盘。

⑥ 再淋上红油与香油，拌匀即可食用。

双椒泡菜

制作时间 **12分钟**

材料 包菜150克，青椒、红椒、胡萝卜各30克

调料 盐、味精、醋各适量

做法

① 将盐、味精、醋一同入碗内，加适量清水调成泡汁。

② 包菜洗净，撕碎片。

③ 青椒洗净，切片。

④ 红椒洗净，切片。

⑤ 胡萝卜洗净，切片。

⑥ 将备好的材料一同放入泡汁中浸泡1天，取出盛盘即可。

莲藕

◆**食疗作用**：莲藕（熟）性温，味甘，具有滋阴养血、补血、补五脏之虚、强壮筋骨、收缩血管、止血、消除烦渴、健脾开胃、消食止泻、滋补身体、清热润肺、止吐、凉血行淤、催乳之功效。

莲藕的选购与储存

应购买藕节短、藕身粗、外皮呈黄褐色、肉肥厚而白的莲藕。

将莲藕用保鲜膜包好放入冰箱中冷藏，可保存4至5天。

莲藕的烹制

将藕切片后放入烧开的水中滚烧片刻，然后捞出用清水洗净，可使藕片不变色，并保持爽脆的口感，也可将藕放在稀醋水中浸泡5分钟，可达至同样的效果。炒藕丝时，为使藕丝不变黑，可以一边炒一边加些清水，炒出的藕丝就会洁白如玉。

蜜制莲藕

 制作时间 **70分钟**

材料 莲藕100克，糯米50克

调料 蜂蜜8克，冰糖10克，桂皮10克，八角10克

做法

① 莲藕去皮洗净，灌入糯米。

② 高压锅内放入灌好的莲藕、桂皮、八角、蜂蜜、冰糖。

③ 加水煲1小时，晾冷即可。

小贴士❀ 没切过的藕可在温室中储存一周。但是因莲藕易变黑，切面孔的部分易腐烂，因此，切过的莲藕储存前要在切面覆以保鲜膜。

泡椒藕

 制作时间 **8分钟**

材料 莲藕400克，泡椒60克

调料 盐3克，糖20克，生姜30克

做法

① 莲藕洗净，去皮，切薄片；生姜洗净，切片备用。

② 将藕片放入开水中稍烫，捞出，沥干水分，放入容器。

③ 加生姜、泡椒、盐、糖搅拌均匀，腌渍好。

④ 食用时装盘即可。

老陕菜

制作时间
15分钟

材料 花生米200克，莲藕150克，菠菜100克

调料 盐3克，生抽10克，醋15克，红油5克

做法

① 将莲藕去皮，洗净，切成薄片；菠菜洗净，切去根。

② 锅置火上，入油烧热，放入花生米炸至熟，捞出，备用。

③ 莲藕、菠菜均放入沸水中焯熟后，捞出与花生米一起装盘。

④ 所有调料调匀，做成味汁。

⑤ 淋在莲藕、菠菜上即可。

橙汁浸莲藕

制作时间
15分钟

材料 莲藕400克，橙汁300克，枸杞5克

调料 白糖适量

做法

① 将莲藕去皮，洗净，切成薄片；枸杞泡发，待用。

② 将藕片装入碗中，撒上枸杞，再淋上橙汁，撒上白糖即可。

小贴士 ❀ 莲藕通常分为四节，顶部比较鲜嫩，底部或太老嚼不烂，或太嫩没嚼头，所以中间部分最好吃。从藕尖数起，第二节藕最好。

爽口藕片

制作时间
8分钟

材料 莲藕120克

调料 青椒5克，红椒10克，盐3克，味精2克，香油10克，醋8克

做法

① 莲藕洗净，去皮，切成片，放入开水中烫熟，捞出，沥干水分，装盘。

② 青、红椒洗净，去籽，切成圆圈，放入水中焯一下，捞出，沥水。

③ 盐、味精、香油、醋调成味汁。

④ 将味汁淋在莲藕上拌匀。

⑤ 撒上青、红椒圈即可。

凉拌莲藕

 制作时间
12分钟

材料 莲藕300克，红辣椒、葱各10克

调料 醋、果糖、麻油各10克

做法

①莲藕去皮、洗净，切成薄片，放入碗中加醋及少许水浸泡。

②红辣椒、葱分别洗净，切末。

③锅置火上，倒适量水烧开，放入莲藕片煮熟，捞出、沥干，盛在盘中。

④待凉，加红辣椒末、葱末和麻油、果糖，搅拌均匀即可。

橙汁藕片

制作时间
10分钟

材料 莲藕300克，橙汁100克

调料 糖20克

做法

①莲藕洗净，去皮，切薄片备用。

②将藕片放入开水中稍烫，捞出，沥干水分，放入容器。

③油锅加热，放入橙汁，加糖炒匀，待橙汁变浓时，倒在藕片上搅拌均匀，装盘即可。

糯米莲藕

制作时间
25分钟

材料 黑糯米50克，莲藕300克

调料 糖10克，蜂蜜20克，桂花少许

做法

① 莲藕洗净，切去顶端。

② 糯米洗净，用水浸泡。

③ 桂花洗净，剁碎末。

④ 将泡好的糯米灌入莲藕中。

⑤ 放入蒸锅内蒸熟。

⑥ 取出切片，并放入盘中。

⑦ 用糖、蜂蜜加少量凉开水调成汁，浇在藕片上，撒上桂花即可。

香辣藕条

制作时间
15分钟

材料 莲藕150克

调料 干红椒25克，水淀粉35克，盐、味精各4克，老抽10克，香菜5克

做法

① 莲藕去皮，洗净，切成小段，放入开水中烫熟，裹上水淀粉。

② 干红椒洗净，切成小段。

③ 香菜洗净。

④ 锅置火上，放入油烧热，将干红椒炒香后，捞起待用。放入莲藕炸香，放入盐、老抽翻炒，再加入味精调味后，起锅装盘，撒上干红椒椒、香菜即可。

草莓甜藕

制作时间
10分钟

材料 莲藕400克

调料 草莓酱60克

做法

① 莲藕洗净，去皮，切薄片备用。

② 将藕放入开水中，稍烫，捞出，沥干水分。

③ 将藕放入容器，淋上草莓酱搅拌均匀，装盘即可。

小贴士 ❀ 莲藕贮藏应尽可能选阴凉的环境，避免阳光直射。莲藕最佳贮藏温度为5℃。若在5℃以下长时间贮藏，会使莲藕组织发生软化，直至形成海绵状，无任何食用价值。

芦笋、莴笋

◆**食疗作用**：芦笋性凉，味甘，具有补虚、调节人体代谢、提高免疫力、减肥之功效。莴笋性凉，味苦、甘，有通经脉、消水肿、通乳汁、利大小二便之效。

芦笋的选购与储存

应选择尖端紧密、无空心、无开裂、无泥沙的鲜嫩芦笋。

应在低温、阴凉、干燥、通风处储存；也可用开水焯后晾干，包上保鲜膜放入冰箱冷藏。

芦笋的烹制

烹调前先将芦笋切成条状，用清水浸泡20～30分钟，可以去除芦笋中的苦味。

拌笋丝

⏰ 制作时间 **10分钟**

材料 莴笋200克，胡萝卜50克

调料 盐3克，味精2克，香油5克

做法

① 莴笋洗净，切成细丝。

② 胡萝卜洗净，切成细丝。

③ 锅中注水，待水开后分别放入莴笋丝和胡萝卜丝焯烫，捞出沥水。

④ 摆入盘中，调入盐、味精、香油拌匀，即可食用。

红椒香椿莴笋丝

⏰ 制作时间 **10分钟**

材料 红椒5克，香椿芽50克，莴笋200克

调料 盐2克，味精1克，生抽8克，香油10克

做法

① 香椿芽洗净。

② 莴笋洗净，切成丝。

③ 红椒洗净，切丝。

④ 锅置火上，加水烧开，放入香油、盐、味精，将香椿芽、莴笋、红椒分别放入开水中，焯熟后捞出，沥干水分。

⑤ 将莴笋盛入盘底，上面放上香椿芽、红椒。

⑥ 淋上生抽、香油即可。

炝拌三丝

制作时间 15分钟

材料 莴笋500克，黄瓜250克，红辣椒50克，葱花、姜末各5克

调料 花椒油25克，盐15克，醋10克

做法

① 将莴笋削去皮洗净，直刀切成细丝。

② 黄瓜洗净，切丝。

③ 红辣椒洗净，也切成丝。

④ 将三种丝放入盘内，浇上花椒油，加入盐、醋、葱花、姜末拌匀。

⑤ 将拌匀的所有材料一起装入盘中即可。

麻辣莴笋

制作时间 10分钟

材料 莴笋300克，干辣椒100克

调料 盐、酱油各3克，味精2克，芝麻油5克，花椒4克

做法

① 莴笋去皮洗净切条。

② 干辣椒去蒂、籽，切段。

③ 锅置火上，加水烧开，下放莴笋条焯透捞出，放入碗内。

④ 加入盐、味精拌腌入将味。

⑤ 用芝麻油将花椒用小火炸成深紫色时拣去花椒，再将干辣椒段炸成深紫色，烹入酱油，即成麻辣汁，将其倒入莴笋条内拌匀即成。

凉拌芦笋

制作时间 10分钟

材料 芦笋300克，蒜、红椒各10克

调料 盐3克，鸡精2克，麻油5克，糖适量

做法

① 芦笋洗净切小段。

② 红椒去蒂、籽，切小菱形片。

③ 蒜去皮洗净剁蓉。

④ 锅上火，注入适量清水，加少许油、盐、糖，待水沸，下芦笋焯熟。

⑤ 捞出放入冰水中浸约2分钟后，捞出沥干水分，盛入碗中。

⑥ 调入蒜蓉、盐、鸡精、麻油拌匀，装盘即可。

竹笋

◆ **食疗作用**：竹笋性微寒，味甘，具有清热解毒、开胃健脾、利尿消食、润肠通便、化痰益气、减肥之功效。

竹笋的选购与保存

选购竹笋应选择竹节间距近，外壳鲜黄色或淡黄略带粉红色，外壳完整、光洁饱满，肉色洁白如玉，无霉烂，无病虫害的竹笋。按季节来看，冬笋要比春笋好。

竹笋应在低温、阴凉、干燥、通风处储存。

竹笋的烹制

切竹笋时，靠近笋尖的部分应顺着切，下部应横着切，这样可使竹笋在烹制过程中更易熟烂和入味。将竹笋用温水煮熟后捞出，令其自然冷却，再用水冲洗，可以去除竹笋的涩味。

红油春笋

⏱ 制作时间 **8分钟**

材料 春笋300克，芝麻、姜各5克，红油10克

调料 盐2克，香油5克，辣椒粉5克

做法

① 将春笋洗净，切成细长条。

② 姜洗净切末。

③ 锅上火，注水适量，待水开后放入春笋条，煮约15分钟。

④ 捞出春笋，用冷开水冲洗后沥干水分。

⑤ 将切好的原材料、调味料搅拌成糊状，抹在春笋上即可。

手撕笋

⏱ 制作时间 **12分钟**

材料 竹笋300克

调料 盐5克，酱油5克，香油8克，淘米水适量

做法

① 竹笋洗净。

② 净锅上火，放下入淘米水、盐，将竹笋带皮下放淘米盐水中，煮制40分钟，自然冷却，然后取出冲洗、剥皮。

③ 盐、酱油、香油一同放入碗内搅匀。

④ 淋在竹笋上即可。

美味竹笋尖

⏰ 制作时间 **12分钟**

材料　竹笋尖200克，红椒适量

调料　盐3克，味精1克，醋6克，生抽10克，香油12克，香菜少许

做法

① 竹笋洗净，切成斜段；红椒、香菜洗净，切丝。

② 锅内注水烧沸，放入竹笋条、红椒丝焯熟后，捞起沥干并装入盘中。

③ 加入盐、味精、醋、生抽、香油拌匀后，撒上香菜即可。

凉拌天目山笋尖

⏰ 制作时间 **13分钟**

材料　天目山笋尖400克

调料　盐3克，味精1克，醋8克，生抽10克，红油12克，红椒少许

做法

① 笋尖洗净，切丝；红椒洗净，切丝，用沸水焯熟。

② 锅内注水烧沸，放入笋丝焯熟后，捞出沥干，装入盘中。

③ 向盘中加入盐、味精、醋、生抽、红油拌匀后，撒上红椒丝即可。

笋干万年青

⏰ 制作时间 **12分钟**

材料　笋干30克，万年青200克

调料　红椒20克，盐3克，味精2克，芝麻油适量

做法

① 万年青洗净，放入沸水中烫熟后，捞出切碎。

② 笋干泡发，洗净，切段。

③ 红椒洗净，切圈。

④ 将万年青、笋干、红椒圈装盘，加盐、味精、芝麻油拌匀即可。

小贴士 ✿ 竹笋干食用前必须经过水发。先将笋干浸泡1~2天，然后用大火煮2小时，再用清水浸泡2~3天。水发期间应每天换水，防止发酸。

凉拌竹笋尖

 制作时间 10分钟

材料 竹笋350克，红椒20克

调料 盐、味精各3克，醋10克

做法

① 竹笋去皮，洗净，切片。

② 竹笋片放入开水锅中焯水后，捞出，沥干水分装盘。

③ 红椒洗净，切细丝。

④ 将红椒丝、醋、盐、味精加入笋片中，拌匀即可。

小贴士❀ 竹笋属寒凉性食品，含有丰富的粗纤维，容易使胃肠蠕动过快，因此胃溃疡、十二指肠溃疡活动期和胃出血患者不宜食用。

麻辣冬笋

制作时间 9分钟

材料 冬笋300克

调料 辣油5克，芝麻酱3克，盐2克，味精1克，芝麻油、豆油各适量

做法

① 冬笋去壳、皮和梗洗净，切成长条块。

② 锅中加豆油烧热，放入冬笋块炸1分钟，倒入漏勺中沥油。

③ 锅中加入辣油、芝麻酱、盐和清水，至汤汁浓稠时加味精。

④ 淋芝麻油，起锅浇在冬笋上拌匀即成。

红油竹笋

 制作时间 8分钟

材料 竹笋300克

调料 盐5克，味精3克，红油10克

做法

① 竹笋洗净后，切成滚刀斜块。

② 再将切好的笋块放入沸水中稍焯后，捞出，盛入盘内。

③ 淋入红油，加入所有的调味料一起拌匀即可。

小贴士❀ 竹笋一年四季都有，但以春笋、冬笋味道最好。食用前应先用开水焯过，以去除笋中的草酸，以免影响口感。

鲍汁扒笋尖

⏱ 制作时间 **130分钟**

材料 笋尖300克，鸡、龙骨各100克，鸡油20克，赤肉80克，鲍鱼汁、火腿各50克

调料 盐5克，味精3克，鸡精8克，香油2克，糖4克

做法

① 将鸡、火腿、鸡油、赤肉、龙骨放入锅内加上开水，用慢火熬2个小时熬成高汤。

② 将笋尖切好，放入锅中焯水，装盘，再淋上鲍鱼汁。

③ 再调入其余的调味料，拌匀即可。

浏阳脆笋

⏱ 制作时间 **12分钟**

材料 干竹笋300克

调料 盐3克，味精1克，醋6克，生抽8克，红椒少许，芹菜梗适量

做法

① 干竹笋洗净，泡发至回软，切成小段备用；红椒洗净，切丝；芹菜梗洗净，切段。

② 锅内注水烧沸，分别放入竹笋、红椒、芹菜梗焯熟后，捞起沥干，将竹笋放入盘中。

③ 加入盐、味精、醋、生抽拌匀，撒上芹菜、红椒即可。

苦瓜

◆**食疗作用**：苦瓜性寒，味苦，具有清热消暑、除烦、解毒、明目、增进食欲、利尿活血、消炎退热、降低血糖、补肾健脾、益气壮阳、提高人体免疫力、抗病毒、加速伤口愈合、嫩滑肌肤之功效。

苦瓜的选购与储存

　　购买时应选择瓜体结实、果瘤大而饱满、重量较重、表皮光亮、不发黄的苦瓜。

　　苦瓜应放置在干燥、阴凉处储存，也可放入冰箱冷藏。

苦瓜的烹制

　　苦瓜籽有毒，烹制前应先将其去除。苦瓜味道苦涩，可先将其放入沸水中焯一下，或在无油锅中干煸片刻，或先用盐腌渍一下，都可减轻其苦味。

蒜泥苦瓜
⏰ 制作时间 **12分钟**

材料 苦瓜300克，彩椒15克，蒜10克
调料 盐3克，鸡精2克，麻油6克，芥辣3克，食用油2克
做法
①苦瓜洗净，切薄片。
②蒜去皮剁成蓉。
③彩椒去蒂切丝。
④锅上火，注适量清水，加少许食油、盐，待水沸下苦瓜皮焯一下，捞出。
⑤苦瓜片过冰水后沥干水分，用干毛巾吸干水后盛入碗里。
⑥调入蒜蓉、盐、鸡精、麻油，加少许芥辣，拌匀即可装盘。

冰糖苦瓜
⏰ 制作时间 **10分钟**

材料 苦瓜500克，冰糖80克，甜椒15克
调料 盐3克
做法
①苦瓜洗净，剖开去瓤，切块，入开水中稍烫，捞出，沥干水分。
②苦瓜加盐搅拌均匀，装盘。
③甜椒洗净，切菱形片。
④将甜椒放入开水中稍烫，捞出撒在苦瓜上。
⑤冰糖加适量水入锅，熬至融化，放凉，淋在苦瓜上即可。

菠萝苦瓜

制作时间
6分钟

材料 苦瓜、菠萝各300克，圣女果50克

调料 盐4克，糖30克

做法

① 苦瓜洗净，剖开去瓤，切条。

② 菠萝去皮洗净，切块。

③ 圣女果洗净对切。

④ 将苦瓜放入开水中滚烫一下，捞出，沥干水分。

⑤ 苦瓜加盐腌渍。

⑥ 将备好的原材料放入容器，加糖搅拌均匀，装盘即可。

炝拌苦瓜

制作时间
8分钟

材料 苦瓜500克

调料 盐4克，味精2克，生抽8克，干辣椒、香油各适量

做法

① 苦瓜洗净，剖开去瓤，切块备用。

② 将苦瓜放入开水中稍烫，捞出，沥干水分，放入容器。

③ 苦瓜中加入盐、味精、生抽、干辣椒。

④ 锅置火上，注入香油烧开，淋在苦瓜上，搅拌均匀，装盘即可。

冰梅苦瓜

制作时间
35分钟

材料 苦瓜400克

调料 冰水600克，糖20克，冰梅酱50克

做法

① 苦瓜洗净，剖开去瓤，切条，放入开水中稍烫，捞出备用。

② 将苦瓜放入冰水中，冰镇半小时，倒去冰水，加入糖，搅拌均匀，腌渍半小时。

③ 将冰梅酱放在腌渍好的苦瓜上即可。

小贴士 "苦"味食物是"火"的天敌，最佳苦味食物首推苦瓜。同时苦瓜含丰富维生素B$_1$、维生素C及矿物质，长期食用能保持精力旺盛。

香油苦瓜

⏰ 制作时间
8分钟

材料 苦瓜300克，姜10克

调料 香油20克，盐6克

做法

① 苦瓜洗净后，切成块；姜去皮，切成片。

② 将切好的苦瓜块放入沸水中稍焯后，捞出，盛入盘中。

③ 苦瓜淋入香油，加入姜片和调味料一起拌匀即可。

小贴士✿ 在烹制过程中，可根据个人口味适当添加白糖和醋，这样不仅可以减轻苦瓜的苦味，还可使菜肴清新爽口。

冰河苦瓜柳

⏰ 制作时间
16分钟

材料 苦瓜500克，冰600克

调料 日本芥辣、酱油各适量

做法

① 苦瓜切去头尾、蒂后，对半切开，挖去籽洗净。

② 锅上火，加入清水适量，烧沸，放入苦瓜，焯至七成熟，捞出，浸冰水10分钟，取出摆入冰盘中。

③ 将芥辣、酱油调成味汁供蘸食即成。

水晶苦瓜

⏱ 制作时间 **8分钟**

材料 苦瓜100克，枸杞3克

调料 盐3克，味精5克，醋8克，生抽10克

做法

1 苦瓜洗净，去皮，切成薄片，放入加盐、油的水中焯熟；枸杞洗净，放入沸水中焯一下。

2 将盐、味精、醋、生抽调成味汁。

3 将味汁淋在苦瓜上，撒上枸杞即可。

杏仁拌苦瓜

⏱ 制作时间 **8分钟**

材料 杏仁50克，苦瓜250克，枸杞5克

调料 香油10克，盐3克，鸡精5克

做法

1 苦瓜洗净，剖开，去掉瓜瓤，切成薄片，放入沸水中焯至断生，捞出，沥干水分，放入碗中，备用。

2 杏仁用温水泡一下，撕去外皮，掰成两瓣，放入开水中烫熟。

3 枸杞洗净、泡发。

4 将香油、盐、鸡精与苦瓜搅拌均匀，撒上杏仁、枸杞即可。

黄瓜

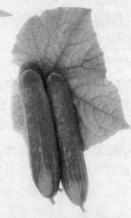

◆**食疗作用**：黄瓜性凉，味甘，具有除湿利尿、降脂减肥、促进人体新陈代谢、润肤除皱、有益肝脏、镇痛、促进消化、安神、排毒、强健身体之功效。

黄瓜的选购与储存

购买时应选择色泽亮丽、外皮有刺状凸起、条直、粗细均匀、不发软、不泛黄的黄瓜。

黄瓜应放置在干燥、阴凉处储存，也可放入冰箱冷藏。

黄瓜的烹制

切黄瓜时，把黄瓜的尾部留下，与其他部分一起烹饪。

腌黄瓜条

⏰ 制作时间 **10分钟**

材料 黄瓜400克，红椒圈15克

调料 盐、味精各3克，醋、香油各15克

做法

① 黄瓜洗净，切长条，放入沸水锅中焯水后捞出。

② 将盐、味精、醋、香油加适量水调成味汁。

③ 将黄瓜条、红椒圈放入调味汁中，腌渍后，捞出装盘即可。

糖醋黄瓜

⏰ 制作时间 **6分钟**

材料 荷兰黄瓜500克

调料 上海米醋、砂糖各50克，盐5克

做法

① 将黄瓜洗净，切片，装盘备用。

② 调入盐将黄瓜腌渍入味。

③ 加入砂糖、醋拌匀即可食用。

沪式小黄瓜

制作时间 6分钟

材料 小黄瓜500克，红辣椒10克

调料 糖、盐、味精各5克，香油20克，蒜头15克

做法

① 小黄瓜洗净，切成小块，装盘待用。

② 蒜头去皮洗净剁成蒜蓉，辣椒洗净切末。

③ 将蒜蓉与辣椒末、糖、盐、味精、香油一起拌匀，浇在黄瓜上，再拌匀即可。

小贴士 有的黄瓜会发苦，可能是品种原因，也可能是栽培不好：生长环境恶劣；过度施肥；或有病变。苦黄瓜外表看不出来，一般为发黄、较嫩的黄瓜，建议品尝后再购买。

黄瓜胡萝卜泡菜

制作时间 5分钟

材料 胡萝卜、黄瓜各150克

调料 盐、味精、醋、泡椒各适量

做法

① 用盐、味精、醋、泡椒加适量清水调成泡汁。

② 胡萝卜、黄瓜均洗净，切长条，置泡汁中浸泡1天。

③ 捞出摆入盘中即可。

小贴士 选购黄瓜时应注意，新鲜的黄瓜顶花、带刺、体挂白霜，嫩黄瓜呈青绿色，有棱角；老黄瓜颜色发黄，存放时间长的黄瓜发蔫。

凉拌青瓜

制作时间 7分钟

材料 青瓜500克，蒜蓉10克，红椒10克

调料 盐、味精、鸡精各2克，糖1克，生抽3克，陈醋、辣椒油、麻油各5克，花生油10克

做法

① 将青瓜洗净，切开去除瓜籽，再切成滚刀块状。

② 红椒切成长细丝。

③ 将青瓜块、蒜蓉和红椒丝盛入碗内，加入所有调味料一起拌匀。

④ 拌匀后盛入碗内即可。

葱丝黄瓜

⏱ 制作时间
5分钟

材料 黄瓜250克，大葱50克，红椒8克

调料 香菜、干红椒各8克，盐、味精各5克，老抽、香油各10克

做法

① 黄瓜洗净，切薄片，放入水中烫熟。

② 干红椒洗净，切段。

③ 大葱、红椒洗净，切丝，放入水中焯一下。

④ 香菜洗净。

⑤ 盐、味精、老抽、香油调匀，做成味汁。

⑥ 将味汁淋在黄瓜上。

⑦ 将大葱、红椒、干红椒、香菜撒在黄瓜上即可。

泡黄瓜

⏱ 制作时间
130分钟

材料 黄瓜300克，蒜10克，姜5克

调料 盐2克，味精、糖各适量

做法

① 用水将黄瓜洗净，然后切成段。

② 蒜切蓉。

③ 姜切末。

④ 将黄瓜段用盐腌2小时。

⑤ 已腌入味的黄瓜段各划开一刀。

⑥ 将切好的蒜、姜、调味料调成糊状。

⑦ 加入黄瓜缝中即可。

爽口黄瓜卷

制作时间 **40分钟**

材料 黄瓜150克

调料 蒜头50克，盐3克，醋8克

做法

① 黄瓜洗净，去肉留皮，切成小段；蒜头洗净，切成小丁。

② 黄瓜皮、蒜头用盐、醋腌渍30分钟。

③ 将蒜头放在黄瓜皮上，卷成卷即可。

小贴士❀ 购买黄瓜时，可用手捏黄瓜把，看它是否硬实。若把儿硬实，说明黄瓜新鲜、脆生；若把儿较软，即是剩下的、不新鲜的黄瓜。

蒜泥黄瓜卷

制作时间 **8分钟**

材料 黄瓜500克，蒜20克

调料 干辣椒20克，香油10克，盐3克，味精3克

做法

① 黄瓜洗净，切成段。

② 把黄瓜皮削下来，尽量削薄。

③ 将黄瓜段放开水中焯至断生，捞起沥干水，卷好摆盘。

④ 蒜去皮，剁成蒜泥。

⑤ 干辣椒洗净，切碎。

⑥ 锅烧热下油，放干辣椒、蒜泥，爆香，盛出与其他调味料拌匀，淋在黄瓜卷上即可。

水晶黄瓜

制作时间 **5分钟**

材料 黄瓜100克

调料 盐3克，味精5克，醋8克，生抽10克

做法

① 黄瓜洗净，切成薄片。

② 黄瓜片放入加了盐、醋的清水中腌一下，捞出沥干装盘。

③ 盐、味精、醋、生抽调成味汁。

④ 将味汁淋在黄瓜上即可。

小贴士❀ 清洗黄瓜时，应用盐水冲洗，不要将黄瓜长时间浸泡在水中，以免黄瓜中的维生素流失，同时也可避免溶于水的农药反渗入黄瓜。

黄瓜圣女果

⏰ 制作时间 **35分钟**

材料 黄瓜600克，圣女果300克

调料 白糖适量

做法

① 黄瓜洗净，切段；圣女果洗净。

② 将白糖倒入装有清水的碗中，等待其完全融化。

③ 将黄瓜、圣女果投入糖水中腌渍30分钟，取出摆盘即可。

小贴士❀ 黄瓜中维生素含量较少，建议吃黄瓜的同时可搭配其他蔬果。

脆皮小黄瓜

⏰ 制作时间 **7分钟**

材料 黄瓜400克

调料 甜面酱10克

做法

① 黄瓜洗净对剖，切成长短一致的段。

② 锅中烧油至三成热时放入甜面酱炒热，出锅盛入小碟。

③ 将甜面酱、黄瓜摆盘即可。

珊瑚黄瓜

制作时间 10分钟

材料 黄瓜300克，姜50克，辣椒30克

调料 油20克，白糖15克，醋、盐、味精各少许

做法

① 将黄瓜切十字花刀，摆入盘中做成珊瑚状，辣椒切丝，姜切成细丝，备用。

② 锅中放油，下入辣椒丝与姜丝，用小火炒香后，盛入碗中，加入白糖、醋、盐、味精拌匀，调成味汁后，晾凉。

③ 将调好的味汁淋于珊瑚黄瓜上即可。

黄瓜梨爽

制作时间 6分钟

材料 黄瓜200克，梨300克

调料 白糖适量

做法

① 黄瓜去皮，洗净，切薄条；梨去皮，洗净，切块。

② 将白糖倒入装有清水的碗中，至完全融化，淋在黄瓜、梨上即可。

小贴士❀ 黄瓜偏寒，因此脾胃虚寒、久病体虚者宜少食。腌黄瓜含盐量高，有肝病、心血管病、肠胃病及高血压的患者不宜食用。

黄瓜拌面筋

制作时间 **10分钟**

材料 黄瓜150克，面筋180克，胡萝卜25克

调料 盐、味精、生抽、红油各适量

做法

① 黄瓜、面筋洗净，切薄片，分别放入开水中烫熟，沥干水分，装盘。

② 胡萝卜洗净，切花片，放入水中焯一下捞出，沥干水分。

③ 盐、味精、生抽、红油调成味汁。

④ 将黄瓜、面筋与味汁一起拌匀，上面撒上胡萝卜片即可。

香油蒜片黄瓜

制作时间 **6分钟**

材料 大蒜80克，黄瓜150克

调料 盐、香油各适量

做法

① 大蒜、黄瓜洗净切片。

② 将大蒜片和黄瓜片放入沸水中焯一下，捞出待用。

③ 将大蒜片、黄瓜片装入盘中。

④ 将盐和香油搅拌均匀。

⑤ 淋在大蒜片、黄瓜片上即可。

蒜片炝黄瓜

制作时间 **6分钟**

材料 黄瓜500克，蒜30克

调料 干辣椒20克，香油10克，盐3克，味精3克

做法

① 黄瓜洗净，切成薄片，放开水中焯至断生，捞起沥干水，装盘。

② 蒜去皮，切成片。

③ 干辣椒洗净，切小段。

④ 锅烧热下油，放干辣椒、蒜片，炝香，盛出与其他调味料拌匀。

⑤ 淋在黄瓜片上即可。

酱黄瓜

 制作时间
10天

材料　嫩黄瓜400克

调料　粗盐5克，酱油15克，糖10克，大葱、蒜瓣各10克，芝麻油、红辣椒丝、芝麻仁各适量

做法

① 在黄瓜上撒盐，腌渍10天。

② 待黄瓜腌渍好后，切成块，并用水冲洗去其咸味。

③ 将3杯酱油和3匙糖放入锅中煮沸，冷却。

④ 将第3步中的水淋在黄瓜上，浸渍一夜。

⑤ 将第4步中的水倒出，并将剩下的调味料拌在黄瓜上。

小黄瓜泡菜

 制作时间
160分钟

材料　黄瓜600克，韭菜50克，虾酱150克

调料　粗盐、葱末、蒜泥、姜末、辣椒粉各适量

做法

① 黄瓜腌在盐水里2小时左右，用筛子过滤晾30分钟左右。

② 韭菜洗净切成条状。

③ 剁碎虾酱里的小虾仁。

④ 在虾酱汤汁中放入调味料。

⑤ 在韭菜里放入虾酱后搅拌做馅。

⑥ 将泡菜馅塞进小黄瓜切口中，将其整齐地堆叠着放入缸里。

⑦ 向缸中倒入水与盐做的汤汁。

雪梨

◆**食疗作用**：雪梨味甘性寒，含苹果酸、柠檬酸、维生素 B1、B2、C、胡萝卜素等，具生津润燥、清热化痰之功效，特别适合秋天食用。对急性气管炎和上呼吸道感染的患者出现的咽喉干、痒、痛、音哑、痰稠、便秘、尿赤均有良效。

雪梨的选购与储存

雪梨应选购果粒完整、无虫害、无压伤、坚实的，不要购买皮皱皱的、皮上有斑点的。

雪梨存放时要轻拿轻放，外面包一张白纸。

雪梨的日常应用

雪梨治灼伤：当不小心被沸水灼伤后，可立即将雪梨切片后贴在伤口处，有收敛止痛、治疗灼伤的作用。

用百合雪梨冰糖治老年慢性支气管炎：取适量均等的百合、雪梨、冰糖，加水煎煮至熟，每晚睡前食用，可对老年慢性支气管炎有疗效。

红酒浸雪梨

⏰ 制作时间 **245分钟**

材料 雪梨500克，红葡萄酒200克

调料 朱古力屑、冰糖各适量，香叶少许

做法

① 雪梨去皮切片，放在砂锅中，加红酒和香叶烧开，放冰糖，炖4小时。

② 将炖好的雪梨捞出放在碗中，再将红酒汁倒在雪梨上，撒上朱古力屑即可。

小贴士 雪梨偏寒助湿，多吃会伤脾胃，故血虚、胃寒、手脚冰冷、腹泻者不宜多吃，并且最好煮熟了再吃，以防湿寒症加重。

京糕雪梨

⏰ 制作时间 **8分钟**

材料 雪梨80克，京糕80克

调料 蜂蜜10克

做法

① 雪梨、京糕、蜂蜜提前放冰箱，冷藏2小时以上。

② 雪梨洗净，去皮，去核，切成薄片。

③ 雪梨放入开水中烫熟，摆在盘底。

④ 京糕切片。

⑤ 将京糕片整齐放在雪梨上。

⑥ 在雪梨和京糕上淋入蜂蜜即可。

鲜橙醉雪梨

制作时间 **8分钟**

材料 雪梨400克，橙子500克

调料 白糖20克

做法

1 雪梨去皮，从中间切开，去核，切片，放入开水

中焯一下，用水冲凉，沥干水分，入碗。

2 橙子去皮，挤汁，加入白糖拌匀。

3 将橙汁加入碗中，浸泡雪梨48小时，装盘即可。

红酒蜜梨

制作时间 **20分钟**

材料 梨400克

调料 红葡萄酒、蜂蜜、白糖各适量

做法

1 梨去皮，去核，洗净，切片。

2 锅置火上，倒入红葡萄酒、蜂蜜、白糖烧开。

3 再往锅中倒入梨，煮至梨上色，取出装盘即可。

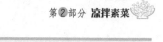

红枣

◆**食疗作用**：红枣性温，味甘，具有补血养血、健脾开胃、降低胆固醇、降低血压、抗疲劳、抗过敏、排除肝脏毒素、提高人体免疫力、除味、安神健脑之功效。

红枣的选购与储存

购买时应选择颗粒大、饱满、果皮褶皱少而浅、无穿孔、无变色的枣。

红枣应放置在干燥、阴凉、低温、通风处储存。

红枣食用妙招

想要给枣去核又要保证枣体的完整，可以选择带有小孔洞的蒸笼，在蒸屉下面放一个碗，将枣正对着孔洞直立放好，用筷子用力戳枣的顶部，核自然就掉到碗里了。

红枣莲子

⏱ 制作时间 **10分钟**

材料 红枣100克，莲子50克，生菜适量
调料 蜂蜜80克

做法

①生菜洗净，铺在盘底。

②红枣以温水泡发。

③莲子去心，洗净。

④红枣与莲子分别放入沸水中煮熟后捞出。

⑤将莲子、红枣一同放入蜂蜜中拌匀，取出装入生菜盘中即可。

糯米红枣

⏱ 制作时间 **20分钟**

材料 红枣300克，糯米粉150克
调料 白糖10克，淀粉5克

做法

①红枣洗净晾干，取出枣核。

②糯米粉用温热水和白砂糖搅拌成粉团。

③填进切开口的红枣里捏合。

④蒸锅置火上，放水煮开，放进糯米枣，蒸15分钟后取出。

⑤用淀粉加水、白砂糖煮成芡汁。

⑥淋在红枣上即可。

马蹄

◆**食疗作用：**马蹄性寒，味甘，具有清热解毒、抗菌消炎、祛火生津、利尿通便、化湿祛痰、消食除胀、治疗口腔炎，促进人体新陈代谢、维持人体酸碱平衡、降低血压之功效。

马蹄的选购与储存

购买时应选择个大、紫黑发亮、无破损、肉质白嫩、芽粗短的马蹄。

应先将马蹄放在太阳下暴晒，然后再将其放置在低温、阴凉、干燥、通风处储存。

马蹄的烹制

生吃马蹄前，将其泡在冰水或盐水中，可去掉附着在其表面和内部的细菌和寄生虫。先将马蹄放在火上烤一下，或先用姜擦拭几遍，再对其进行剥洗，可以缓解手部与其接触产生的皮肤发痒；也可戴上橡胶手套对其进行剥洗。

橙汁马蹄

⏱ 制作时间 **12分钟**

材料 马蹄400克，橙汁100克

调料 糖30克，水淀粉25克

做法

① 马蹄洗净，去皮切块，入沸水中煮熟，捞出沥干水分备用。

② 橙汁加热，加糖，最后以水淀粉勾芡成汁。

③ 将加工好的橙汁淋在马蹄上，腌渍入味即可。

小贴士❀马蹄不宜生吃，因马蹄生长在泥中，外皮和内部都有可能附着较多的细菌和寄生虫，所以吃前一定要洗净煮透。

椰仁马蹄

⏱ 制作时间 **70分钟**

材料 鲜马蹄肉200克，鲜椰子肉10克

调料 牛奶150克，砂糖50克

做法

① 将椰肉罐头打开倒出糖水，与牛奶调匀备用。

② 椰肉切成薄片。

③ 将鲜马蹄洗净，放入沸水中滚烫5分钟，捞出沥干水分装盘。

④ 将做好的材料放入牛奶糖水中冰镇1小时，撒上椰肉即可。

冬瓜

◆**食疗作用**：冬瓜性凉，味甘、淡，具有清热解毒、利水消肿、降脂减肥、降血压、降血脂、降血糖、降胆固醇、排毒润肠、通便、光洁皮肤等功效。

冬瓜的选购与储存

购买时应选择皮质较硬、表面有一层白色粉末、肉质紧密、重量较重、瓜皮呈深绿色、种子呈黄褐色的冬瓜。

冬瓜应放置在干燥、阴凉、通风处储存，切开后应包上保鲜膜放入冰箱冷藏。

用白纸防切开的冬瓜腐烂

切开的冬瓜如果剩余，可用大于冬瓜切口的干净白纸贴在切口处，并且白纸全部贴住切口、按实，这样处理的冬瓜可保存三四天依然可以食用。

柠檬冬瓜

制作时间 12分钟

材料 冬瓜500克，柠檬50克，彩椒、姜各适量
调料 盐1克，白砂糖20克，柠檬汁少许
做法

❶冬瓜去皮去瓤洗净切条。
❷柠檬洗净切片。
❸彩椒去蒂切丝。
❹锅上火，加适量清水，放入2片柠檬、盐、少许味精。待水沸，再煮约2分钟。
❺将切好的冬瓜条、彩椒丝，放入沸水焯一下，捞出沥干水分，装入碗中。
❻调入柠檬汁、白砂糖、少许盐，拌匀即可。

橙片瓜条

制作时间 7分钟

材料 冬瓜400克，橙子50克，红樱桃适量
调料 盐3克，柠檬汁20克，冰糖10克，香油适量
做法

❶将冬瓜去皮、籽，洗净，切成粗条；橙子洗净，连皮切成薄片，备用。
❷锅中加水烧沸，放入冬瓜条焯至成熟，再捞出沥水备用。
❸将冬瓜条、橙子片倒入碗中，调入盐、冰糖、柠檬汁、香油拌匀，点缀红樱桃，放入冰箱冰10分钟，取出即成。

山药

◆**食疗作用：**

山药具有健脾胃、助消化、止泻、养肺止咳、化痰、滋肾益精、养护肌肤、强健机体、降低血糖、减肥之功效。

山药的选购与储存

购买时应选择表皮光滑无伤痕、根块完整、肉质肥厚、颜色均匀有光泽、须毛多、质量较重、断面雪白、黏液多而水分少的山药。

未切开的山药可在低温、阴凉、干燥、通风处储存，切开的山药应包上保鲜膜放入冰箱储存。

山药的烹制

给山药削皮时要戴上手套，防止山药的黏液接触皮肤而引起刺痒。做山药泥时，先将山药洗净煮熟，再进行去皮，这样不伤手，还能使煮出的山药洁白如玉。削过皮的山药可先放入醋水中，能防止变色。

冰脆山药片

 制作时间 **12分钟**

材料 山药400克

调料 白糖10克

做法

① 山药去皮洗净，切成片。

② 锅内注水，旺火烧开后，将山药片放入开水中焯一下，捞出。

③ 山药摆入盘中。

④ 撒上白糖。

⑤ 放入冰箱中冰镇后取出即可。

桂花山药

制作时间 **15分钟**

材料 桂花酱50克，山药250克

调料 白糖50克

做法

① 山药去皮，洗净，切片，放入开水锅中焯水后，捞出沥干。

② 锅上火，放清水，放入白糖、桂花酱烧开至成浓稠状味汁。

③ 味汁浇在山药片上即可。

小贴士 新鲜山药切开时会有黏液，极易滑刀伤手，可以用清水加少许醋清洗一下，这样可以减少黏液。

西红柿

◆**食疗作用**：西红柿性微寒，味甘、酸，具有止血、降压、利尿、健胃消食、防治便秘、生津止渴、清热解毒、凉血平肝、治愈口疮、抗氧化、抗衰老、美白肌肤、保护心血管。

西红柿的选购

购买时应选择颜色粉红、浑圆、表面有一层淡淡的粉色、蒂部圆润并带有淡青色、顶部不带尖的西红柿。自然成熟的西红柿通体圆滑，捏起来很软，肉质红色，沙瓤，多汁，子呈土黄色；而催熟的西红柿通体全红，手感很硬，呈多面体状，无汁，子呈绿色或无子。应避免购买催熟的西红柿。

西红柿的烹制

将西红柿用开水淋烫，或者将其放入沸水中焯一下，可轻松去皮。

冰镇西红柿

⏰ 制作时间 **125分钟**

材料 西红柿250克

调料 白糖20克

做法

❶西红柿切成小块装盘，放入冰箱1~2小时待用。

❷食用时，从冰箱里取出后，撒上少许白糖，即成一道解酒、养颜小菜。

小贴士✿在用白糖拌西红柿时，适当加点盐会更甜，因为盐会改变西红柿的酸糖化。

薄切西红柿

⏰ 制作时间 **6分钟**

材料 西红柿400克，生菜30克

调料 糖30克

做法

❶西红柿洗净。

❷生菜洗净，放盘中备用。

❸将西红柿放入开水中稍烫一下，捞出，去皮，切片。

❹将切好的西红柿放在生菜上，糖放入小碟供蘸食。

茄子

◆**食疗作用**：茄子性寒，味甘，具有活血化淤、清热消肿、宽肠、促进伤口愈合、保护心血管健康、降低胆固醇、降血压、抗癌、抗氧化、延缓衰老之功效。

茄子的选购与储存

购买时应选择形状周正、颜色乌暗、皮薄肉松、分量较轻、无裂口、不腐烂、无斑点的嫩茄子。

茄子应放置在干燥、阴凉、低温、通风处储存。

茄子的烹制

将茄子切好后立刻放入油锅中稍炸，再与其他食材一同炒食，可使茄子不易变色，也可使其更易入味；也可将切好后的茄子放入水中浸泡，烹制时再拿出，也能避免其变色。

麻酱拌茄子

制作时间 **9分钟**

材料 嫩茄子500克，芝麻酱15克，蒜泥5克

调料 盐5克，香油10克，米醋4克，味精少许

做法

① 将茄子洗净，削去皮，切成小方条，撒上一点儿盐，浸在凉水中，泡去茄褐色。

② 芝麻酱放小碗内，先放少许凉开水搅拌，边搅拌，边徐徐加入凉开水，搅拌成稀糊状。

③ 将茄子放入碗内放入蒸锅蒸熟，取出晾凉。

④ 再加入盐、味精、蒜泥、香油、芝麻酱、米醋，拌匀即可。

凉拌茄子

制作时间 **13分钟**

材料 茄子350克，红椒10克，葱、蒜各15克

调料 盐4克，味精、白糖各3克，醋6克，辣椒油适量

做法

① 将茄子、红椒洗净后，放入清水锅中煮熟。

② 葱、蒜切成细末。

③ 红椒切成细丝备用。

④ 将煮熟的茄子放入碗中，用筷子扒开成竖条。

⑤ 锅中油烧热后，加入辣椒油，熬成红油，装入碗中。

⑥ 调入盐、味精、醋、白糖、葱花、蒜末调成味汁，淋于茄子上即可。

凤尾拌茄子

⏰ 制作时间 **15分钟**

材料 茄子300克，莴笋叶50克

调料 盐3克，味精1克，醋8克，生抽10克，干辣椒少许

做法

① 茄子洗净，切条。

② 莴笋叶洗净，用沸水焯过后，排于盘中。

③ 干辣椒洗净，切斜圈。

④ 锅内注油烧热，下干辣椒，再放入茄子条炸至熟，捞起沥干油。

⑤ 将茄条并放入排有莴笋叶的盘中。

⑥ 用盐、味精、醋、生抽调成汤汁，浇在茄子上即可。

酱油捞茄

⏰ 制作时间 **10分钟**

材料 茄子300克，葱3克，蒜5克，红椒10克

材料 食油500克，盐2克，鸡精10克，酱油5克，麻油适量

做法

① 茄子去蒂托洗净，先切段，再切块；葱洗净切花；蒜去皮切蓉；红椒切丝。

② 锅上火，注入油，烧至60℃~70℃，放入茄子炸约2分钟，捞出沥干油分，盛入碗内，撒上红椒丝。

③ 调入盐、鸡精、麻油、酱油、蒜蓉、葱花，搅拌均匀即可。

菌类

◆**营养分析**：菌类为高蛋白食品，无胆固醇，无淀粉，低脂肪，低糖，多膳食纤维，多氨基酸，多维生素，多矿物质。菌类集中了食品的一切良好特性，营养价值达到植物性食品的顶峰，被称为上帝食品，长寿食品。

菌类的储存

新鲜的菌类不要沾水，用干净的湿布擦干以后，伞朝下柄朝上放在保鲜袋里；将保鲜袋扎几个孔，放在冰箱冷藏抽屉里即可。

茶树菇的烹制

烹制茶树菇之前，应先将其放入温水中浸泡10分钟，以去除杂质和有害物质，再进行后续烹饪。

巧拌滑子菇

⏱制作时间 **10分钟**

材料 滑子菇400克，紫包菜50克，甜椒30克

调料 盐4克，味精2克，香油、香菜叶各适量

做法

①滑子菇、香菜叶洗净。

②紫包菜洗净切丝。

③甜椒洗净切花。

④滑子菇、紫包菜、甜椒放入沸水中焯熟，沥干水分后装盘。

⑤盘里加盐、味精、香油搅拌均匀，撒上香菜叶即可。

茶树菇拌蒜薹

⏱制作时间 **10分钟**

材料 茶树菇300克，蒜薹200克，芹菜80克，甜椒30克

调料 盐4克，酱油8克，芝麻油适量

做法

①茶树菇洗净备用。

②蒜薹洗净，切段。

③芹菜洗净，切段。

④甜椒去蒂洗净，切丝。

⑤将所有原材料分别放入水中焯熟后，捞出沥干。

⑥将所有材料放入容器，加盐、酱油、芝麻油搅拌均匀，装盘即可。

泡椒鲜香菇

⏰ 制作时间 **13分钟**

材料 鲜香菇600克

调料 泡椒水80克，盐4克，味精2克，酱油8克，芝麻油适量

做法

①鲜香菇洗净，大的撕片。

②鲜香菇入开水中煮熟，捞出，沥干水分，放入容器中备用。

③将泡椒水放入容器里，加盐、味精、酱油、芝麻油搅拌均匀。

④待香菇腌好后，装盘即可。

口蘑拌花生

⏰ 制作时间 **10分钟**

材料 口蘑50克，花生250克

调料 青、红椒5克，盐3克，味精8克，生抽10克

做法

①口蘑洗净，切块，放入水中焯熟后，捞出沥干装盘。

②热锅下油，放入花生米炸至酥脆，捞出控油装盘。

③将盐、味精、生抽调匀，做成味汁。

④将味汁淋在口蘑、花生上，撒上青、红椒拌匀即可。

尖椒拌口蘑

⏰ 制作时间 **10分钟**

材料 口蘑200克，青、红尖椒各30克

调料 香油20克，精盐5克，味精3克

做法

①口蘑洗净，切片。

②青、红尖椒均去蒂洗净，切片。

③将切好的所有原材料放入水中焯熟。

④将口蘑和尖椒、香油、精盐、味精一起装盘，拌匀即可。

酸辣北风菌

⏰ 制作时间 **12分钟**

材料 北风菌300克，青、红椒各10克，蒜、葱、姜各5克

调料 盐、鸡精各2克，辣椒油10克，香油5克，花椒10克

做法

① 北风菌洗净；姜切末；蒜去皮切末；辣椒去蒂托、籽，切细丁；葱洗净分别切段和末备用。

② 锅上火，加适量清水，放入姜、葱段、盐、鸡精。水烧沸后下北风菌及辣椒丝焯熟，捞出冲凉水，沥干水分后，盛入碗里。

③ 碗内调入辣椒油、香油、蒜末、葱末、盐、鸡精、花椒拌匀。装盘即可食用。

巧拌三丝

制作时间
10分钟

材料 金针菇150克，莴笋50克，青辣椒2个，红辣椒2个

调料 盐、香油各适量

做法

① 金针菇洗净备用。

② 莴笋去皮洗净，切丝。

③ 青椒、红椒均去蒂洗净，切丝。

④ 将切好的原材料放入水中焯熟。

⑤ 将盐和香油搅拌，做成调味汁。均匀淋在金针菇上，莴笋丝、青辣椒丝、红辣椒丝撒在旁边作装饰即可。

油辣鸡腿菇

制作时间
10分钟

材料 鸡腿菇350克

调料 香葱、干辣椒、红椒、大蒜、盐、味精各适量

做法

① 将鸡腿菇洗净，改刀，放入水中焯熟。

② 红椒洗净，切丝。

③ 大蒜去皮，剁成蓉。

④ 锅中加油烧热，下干辣椒、香葱、红椒丝，爆香。

⑤ 加盐、味精，炒匀，连同热油一起浇在鸡腿菇上即可。

椒葱拌金针菇

 制作时间
8分钟

材料 金针菇300克，红椒20克，葱丝10克

调料 盐5克，香油少许，醋10克，味精少许

做法

① 金针菇洗净。红椒洗净，切成丝状。

② 将金针菇放入沸水中烫至断生，捞出，晾凉沥干，盛盘。

③ 盘中加入红椒丝、葱丝、盐、香油、醋、味精，拌匀即可。

小贴士 ✿ 选购金针菇时，应以未开伞、鲜嫩、菌柄长15厘米，均匀整齐，无褐根，根部少粘连者为佳。

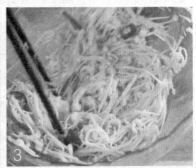

风味袖珍菇

材料 袖珍菇200克

调料 盐、味精各3克，酱油、香油各适量

做法

①袖珍菇洗净备用。

②锅入水烧开，放入袖珍菇焯水后，捞出沥干水分，装盘。

③调入盐、味精拌匀，淋上酱油、香油稍拌即可。

芥油金针菇

材料 金针菇200克，红椒35克，芥末粉15克，芹菜少许

调料 盐3克，味精5克，花椒油、香油、老抽各8毫

做法

①金针菇用清水泡半个小时，洗净，放入开水中焯熟；红椒、芹菜洗净，切丝，放入水中焯一下。

②金针菇、红椒、芹菜装入盘中。

③将芥末粉加盐、味精、花椒油、香油、老抽和温开水，搅匀成糊状。

④待飘出香味时，淋在盘中即可。

木耳

◆**食疗作用**：黑木耳性平，味甘，具有补血活血、养血驻颜、滋阴润燥、助消化、清肠胃、强身健体。

木耳的选购与储存

购买时应选择乌黑光润、背面呈灰白色、大小均匀、耳瓣舒展、重量较轻、干燥、呈半透明状、涨发性好、无杂质、有清香味的黑木耳。

木耳应放置在干燥、避光、阴凉、通风处储存，或放入冰箱冷藏，注意密封防潮。

木耳的烹制

将干木耳放入温水中加盐浸泡半小时，可使黑木耳变软，还能去除黑木耳中的细小杂质和残留沙粒。泡发后仍然紧缩在一起的部分应去掉，不宜食用。

酸辣木耳

⏰ 制作时间 **10分钟**

材料 水发黑木耳200克

调料 青椒、红椒、香菜、盐、醋、辣椒油、姜、蒜各适量

做法

1. 将黑木耳泡发后，洗净，撕成小朵，再放入沸水中焯至熟后，装盘。
2. 将青椒、红椒洗净，切菱形片。
3. 香菜洗净，切段。
4. 姜、蒜均去皮，切末。
5. 将青椒、红椒、香菜、姜、蒜末和盐、醋、辣椒油一起拌匀。淋在木耳上即可。

陈醋木耳

⏰ 制作时间 **10分钟**

材料 木耳400克，陈醋40克，鲜花瓣少许

调料 盐4克，味精2克，糖、料酒各20克

做法

1. 木耳用温水泡发，择净根部木屑，放入开水中稍烫，捞出，沥干水分备用；鲜花瓣洗净，稍烫。
2. 用盐、味精、糖、陈醋、料酒调制成味汁。
3. 将木耳、花瓣放入容器，倒入味汁，搅拌均匀，腌渍半小时，装盘即可。

小贴士❀泡发木耳二法：用烧开的米汤泡发木耳，可使木耳肥大、松软、味道鲜美；用凉水泡发木耳，可使其脆嫩。

葱白拌双耳

制作时间
20分钟

材料 水发黑木耳100克，水发银耳150克，葱白50克

调料 花生油50克，盐5克，味精2克，白糖1克

做法

① 将炒锅置火上，放入花生油，烧热，把切成小段的葱白投入，改用小火，用手勺不断翻炒，待其色变深黄后，连油盛在小碗内，冷却后即成葱油。

② 将黑木耳和银耳放在一起，用开水烫泡一下后，捞出，切成小块。

③ 装入盘内，加入盐、白糖、味精拌匀，再倒入葱油，拌匀即成。

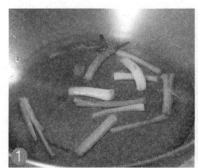

芥蓝木耳拌桃仁 ⏰ 制作时间 11分钟

材料 芥蓝80克，水发黑木耳150克，核桃仁50克

调料 红椒5克，盐3克，醋8克，生抽10克

做法

① 芥蓝去皮，洗净，切成小片，入水中焯一下。

② 水发黑木耳洗净，摘去蒂，挤干水分，撕成小片，放入开水中烫熟。

③ 红椒洗净，切成小片。

④ 将芥蓝、黑木耳、红椒、核桃仁装盘。

⑤ 将盐、醋、生抽，搅拌均匀调成味汁。

⑥ 将味汁淋入盘中即可。

木耳桃仁 ⏰ 制作时间 13分钟

材料 黑木耳100克，核桃仁100克，菊花少许

调料 盐3克，味精1克，醋6克，青、红椒适量

做法

① 黑木耳洗净泡发。

② 青、红椒洗净，切菱形片，用沸水焯一下待用。

③ 菊花洗净，撕开。

④ 锅内注水烧沸，放入黑木耳焯熟后，捞起沥干并放入盘中。

⑤ 再放入核桃仁、青椒片、红椒片。

⑥ 加入盐、味精、醋拌匀。

⑦ 撒上菊花即可。

木耳黄瓜 ⏰ 制作时间 12分钟

材料 黑木耳100克，核桃仁200克，黄瓜50克

调料 盐3克，味精1克，醋6克，生抽10克，红椒少许

做法

① 黑木耳洗净泡发。

② 核桃仁洗净。

③ 黄瓜洗净，切斜片。

④ 红椒洗净，切片。

⑤ 锅内注水烧沸，放入黑木耳、红椒片焯熟后，捞起沥干并放入盘中再放入黄瓜片、核桃仁。

⑥ 加入盐、味精、醋、生抽拌匀即可。

蒜片野生木耳

⏱制作时间 **12分钟**

材料 蒜30克，野生木耳200克，香菜20克

调料 红辣椒30克，香油10克，盐3克，味精3克

做法

① 野生木耳洗净，用温水泡发，切碎，放开水中焯熟，捞起沥干水，装盘晾凉。

② 蒜去皮，切成片。

③ 红辣椒洗净，切小片。

④ 香菜洗净，切碎。

⑤ 锅置火上，入油烧热，放红辣椒、蒜片、香菜，炝香。

⑥ 盛出后与其他调味料拌匀，淋在木耳上即可。

洋葱拌东北木耳

⏱制作时间 **12分钟**

材料 洋葱50克，东北黑木耳300克

调料 盐3克，味精1克，醋5克，生抽8克，红、青椒各适量

做法

① 洋葱洗净，切成小块，用沸水焯过后待用。

② 青、红椒洗净，切片，用沸水焯过后待用。

③ 锅置火上，注水烧沸，将黑木耳焯熟后，捞起放入盘中。

④ 再加入青椒片、红椒片、洋葱各种调料拌匀即可。

山椒双耳

⏱制作时间 **13分钟**

材料 水发黑木耳、水发银耳各80克，青、红椒各30克

调料 盐、味精各3克，香油、醋各适量

做法

① 木耳、银耳均洗净，焯水后捞出放碗中；青、红椒均洗净，切圈，焯水。

② 将醋、香油加盐、味精，青、红椒拌匀，淋在双耳上即可。

小贴士❀ 银耳应用开水泡发，泡发后应去掉未发开的部分，特别是那些呈淡黄色的东西。银耳有很高的营养价值和美容功效。

木耳小菜

 制作时间 **11分钟**

材料 黑木耳100克，上海青200克

调料 盐3克，味精1克，醋6克，生抽10克，香油12克

做法

1 黑木耳洗净泡发。

2 上海青洗净。

3 锅置火上，注水烧沸，放入黑木耳、上海青焯熟，捞起沥干并装入盘中。

4 用盐、味精、醋，生抽、香油一起混合调成汤汁。

5 将味汁浇在木耳和上海青上面即可。

笋尖木耳

 制作时间 **11分钟**

材料 黑木耳250克，莴笋尖50克，红椒30克

调料 醋10克，香油10克，盐、味精各3克

做法

1 将黑木耳洗净，泡发，切成大片，放入水中焯熟，捞起沥干水。

2 莴笋去皮洗净，切薄片。

3 红椒洗净切小块，一起放开水中焯至断生，捞起沥干水。

4 把黑木耳、莴笋片、红椒与调味料一起装盘，拌匀即可。

海带、海藻

◆**营养分析**：海带、海藻是一种在浅海里生长的褐藻，形似带状，含有大量的碘，是一种低脂肪而富含多种微量元素的藻类食物，素有"含碘冠军""长寿菜""海上蔬菜"之美誉。

选购海带

优质的海带有以下特点：遇水即展，浸水后逐渐变清，没有根须，宽长厚实，颜色如绿玉般润泽；而品质低劣的海带含有大量的杂质，颜色发黄没有光泽，在水中浸泡很长时间才展开或者根本不展开。

海带速软法

用锅蒸一下海带也可促使海带变软。海带在蒸前不要着水，直接蒸干海带，蒸海带的时间长短由其老嫩程度决定。一般约蒸半小时，海带就会柔韧无比。泡海带时加些醋，也可使海带柔软。待海带将水吸完后，再轻轻将沙粒洗去。

拌海白菜

⏰ **制作时间** 10分钟

材料 海白菜300克，剁辣椒20克

调料 盐5克，味精3克

做法

① 将海白菜放入沸水中煮熟后，捞出。

② 锅中加油烧热，放入剁辣椒炒香后盛出。

③ 将炒好的剁辣椒和所有调味料一起加入海白菜中拌匀即可。

小贴士 ❀ 拌海白菜可以为人体提供丰富的营养成分，具有清热解毒、软坚散结之效，脾胃虚寒者应忌食。

拌海带丝

⏰ **制作时间** 10分钟

材料 海带200克，葱10克，蒜5克，尖椒10克

调料 盐、味精各2克，香油5克

做法

① 海带洗净，切丝。

② 葱择洗净，切丝。

③ 蒜去皮，剁蓉。

④ 尖椒切细丝。

⑤ 锅中注适量水，待水开，放入海带丝稍焯，捞出沥水。

⑥ 摆盘，加入葱丝、蒜蓉、尖椒丝拌匀，再调入盐、味精，淋上香油即可。

爽口冰藻

制作时间 **12分钟**

材料 冰藻200克，红椒10克

调料 盐3克，味精5克，蚝油、香油各8克

做法

① 将冰藻洗净，放入温水中泡发 5~10 分钟。

② 待回软后，洗净杂质备用。

③ 红椒去籽，洗净，切丁。

④ 盐、味精、蚝油、香油一同入碗内调匀，制成味汁。

⑤ 将味汁与冰藻、红椒拌匀即可。

凉拌海草

制作时间 **10分钟**

材料 海草350克，红椒20克

调料 盐5克，香油5克，白醋适量

做法

① 将海草择去杂质，洗净泥沙；红椒洗净，切成细丝。

② 锅中加水烧沸，放入海草、红椒焯烫至熟后，捞出盛盘。

③ 盐、香油、白醋调成味汁，浇淋在盘中，一起拌匀即可。

酸辣海藻

制作时间 **12分钟**

材料 海藻300克，胡萝卜、黄瓜各100克

调料 葱花30克，蒜末20克，香油10克，醋20克，辣椒油10克，盐5克，味精3克

做法

① 海藻泡发洗净备用。

② 胡萝卜洗净，切片。

③ 黄瓜洗净，切片。

④ 将所有原材料放入水中焯熟，装盘。

⑤ 将各调味料调成味汁，均匀淋于盘中海藻上，点缀胡萝卜、黄瓜片，再撒上葱花即可。

风味三丝

⏰ 制作时间 **11分钟**

材料 海带80克，胡萝卜50克，青椒、粉丝各适量

调料 盐、味精各3克，香油、香菜段各适量

做法

① 海带、胡萝卜、青椒均洗净，切丝，放入开水锅中焯水后，捞出沥干。

② 粉丝用温水泡发。

③ 将海带、胡萝卜、青椒、粉丝加盐、味精、香油同拌。

④ 撒上香菜即可。

小贴士✿ 海带浸泡时间不宜过长，以免软塌塌没嚼劲，影响口感。

蒜香海带茎

⏰ 制作时间 **12分钟**

材料 红辣椒20克，海带茎250克，蒜30克

调料 葱白30克，香油10克，味精3克，盐3克

做法

① 将海带茎洗净，用清水浸泡一会儿，切成齿状片，放开水中焯熟，捞起沥干水分，装盘摆好。

② 蒜去皮，切片。

③ 葱白洗净，切丝。

④ 红辣椒洗净，切成椒丝。

⑤ 锅置火上，放油烧热，把蒜片、葱丝、辣椒丝炝香，盛出。

⑥ 放入其他调味料一起拌匀，淋在焯熟的海带茎上即可。

爽口海带茎

⏰ 制作时间 **11分钟**

材料 水发海带茎200克，红椒4克

调料 盐、味精各4克，蚝油、生抽各8克，葱少许

做法

① 水发海带茎洗净，切成小段，放入加盐的开水中焯熟。

② 红椒洗净，切成圈。

③ 葱洗净，切成末。

④ 盐、味精、蚝油、生抽一同放入碗内调匀，做成味汁。

⑤ 将味汁淋在水发海带茎上。

⑥ 撒上红椒圈、葱花即可。

炝拌海带结

⏰ 制作时间
11分钟

材料 海带结150克，芝麻、姜各5克

调料 盐2克，香油、辣椒粉各5克

做法

① 海带结在清水中泡6小时，中途换水3次。

② 姜洗净切末。

③ 将海带结放入烧开的水中煮5分钟，捞出，沥干水分。

④ 将切好的原材料、调味料搅拌成糊状，抹在海带结上即可。

养颜螺旋藻

⏰ 制作时间
11分钟

材料 螺旋藻200克，姜5克，辣椒10克

调料 盐、糖各3克，味精2克，鸡精1克，陈醋、辣椒油各5克

做法

① 螺旋藻清洗干净。

② 姜去皮切丝。

③ 辣椒去蒂去籽切丝。

④ 将螺旋藻过沸水后，泡入冰水中约5分钟，捞出沥干水分。

⑤ 将沥干水分的螺旋藻装入盘中，放入所有姜丝、辣椒丝及各种调味料，拌匀即可。

芝麻海草

制作时间
10分钟

材料 海草300克，熟芝麻10克，青、红椒各15克

调料 盐3克，蚝油10克

做法

① 海草浸洗干净，除去根和沙石，放入开水中烫熟，沥干水分，盛盘。

② 青、红椒洗净，切丝，放入水中焯一下。

③ 将海草、青红椒、盐、蚝油一起拌匀，撒上熟芝麻即可。

拌海藻丝

制作时间
15分钟

材料 海藻350克

调料 盐、味精各3克，香油、红椒圈各适量

做法

① 海藻洗净，切丝。

② 将海藻与红椒圈一同放入开水锅中焯水后捞出。

③ 调入盐、味精拌匀，再淋入香油即可。

花生

◆ **食疗作用：** 花生性平，味甘，具有通便排毒、止血养血、延缓衰老、降低胆固醇、健脑益智、促进生长发育、促进新陈代谢、抗菌抑菌之功效。

花生的选购与存储

花生的种类很多，形状各异。无论何种花生，都应挑选颗粒饱满均匀，果衣颜色为深桃红色的。质量差的花生仁则干瘪不匀，有皱纹，潮湿没有光泽；变质的花生仁颜色黄而带褐色，有一股哈喇味儿，这样的花生仁会霉变出黄曲霉素，人摄入量大时，可发生急性中毒，食用后也容易致癌。

把花生米放在容器中，晒2～3天。然后把它晾凉，用食品袋装好，把口封好扎紧，放入冰箱内，可保存1～2年，随取随吃随加工，味道跟新花生米一样。

花生去菜籽油异味

烧菜前，先用菜籽油炸一下花生米，这样不但可以消除菜籽油异味，而且用其拌凉菜还会有花生的香味。

醋泡花生米

⏰ 制作时间 **10分钟**

材料 红皮花生米300克，红尖椒30克

调料 葱白30克，盐5克，味精3克，香油10克，陈醋20克

做法

1. 将红皮花生米洗净。
2. 锅置火上，入油烧热，放入红皮花生米炒熟，装盘晾凉。
3. 葱白洗净切斜段。
4. 红尖椒洗净切成椒圈。
5. 把所有调味料一起放入碗内，加点凉开水调匀成味汁，与花生米、红椒圈一起装盘即可。

卤味花生米

⏰ 制作时间 **10分钟**

材料 花生米500克，生姜5克

调料 味精、桂皮、八角、草果各3克，花椒2克，干椒、盐各5克

做法

1. 将花生米放入水中浸泡后，洗净。
2. 将所有调味料制成卤水。
3. 放入花生米卤至入味。
4. 生姜切片，再将卤好的花生用油、盐、姜片拌匀即可。

香干花生米

制作时间
12分钟

材料 香干150克，花生米250克

调料 葱10克，盐3克，味精5克，生抽8克

做法

① 香干洗净，切成小块，放入开水中烫熟后捞出，沥水。

② 葱洗净，切成花。

③ 油锅烧热，放入花生米炸熟，加入香干，加盐、味精、生抽调味，盛盘。

④ 撒上葱花即可。

小贴士 ✿炸花生米时，油温不要过高，否则容易炸糊。

辣椒圈拌花生米

制作时间
12分钟

材料 花生米100克，青、红椒各50克

调料 芥末、芥末油、香油各5克，盐3克，味精2克，白醋2克，熟芝麻5克

做法

① 青、红椒均洗净，切圈，放入沸水锅中焯熟晾凉。

② 花生米入沸水锅内焯水。

③ 将芥末、芥末油、香油、盐、味精、白醋、熟芝麻放入青、红椒圈和花生米中拌匀，装盘即成。

炝花生米

 制作时间
18分钟

材料 花生米200克，芹菜丁50克，胡萝卜丁50克，生姜、大葱各少许

调料 盐、糖各3克，花椒大料10克，生姜、大葱、香油各5克，味精2克，料油8克，苏打粉适量

做法

① 花生米洗净，放入锅中煮熟。

② 加入花椒大料、生姜、大葱、盐、味精、白糖、苏打粉，煮入味。

③ 将芹菜丁、胡萝卜丁烫熟，加花生米、调料拌匀即可。

杏仁花生

制作时间
1天

材料 花生150克，杏仁露50克，胡萝卜10克，黄瓜10克

调料 香油5克，盐3克

做法

① 花生去皮，在杏仁露中泡一天，取出盛碟。

② 胡萝卜、黄瓜切丁。

③ 将盐、香油倒入花生中，搅匀，放上胡萝卜丁、黄瓜丁即可。

核桃仁

◆**食疗作用：**核桃性温，味甘，具有滋补肝肾、润肺、通便、强健筋骨、健脑益智、润泽肌肤、延缓衰老、缓解疲劳、降低血脂、降低胆固醇之功效。

核桃的选购与储存

购买时应选择个大、形状圆整、壳薄而干燥光洁、壳上纹路浅少、出仁率高、桃仁片张大且呈黄白色、含油量高、无异味的核桃。

核桃应放置在干燥、低温、通风处储存。

核桃的食用妙招

给核桃去壳取仁时，可以先将其放入蒸锅内蒸3至5分钟，取出立即放入冷水中浸泡3分钟，捞出用锥子在核桃四周轻轻敲打，壳破裂后即能取出完整的核桃仁。

红椒核桃仁

⏰ 制作时间 **13分钟**

材料 核桃仁300克，荷兰豆150克，红椒30克

调料 盐、味精各3克，香油15克

做法

① 荷兰豆洗净，切段。

② 荷兰豆入盐水锅焯水后捞出沥干水分，摆入盘中。

③ 红椒洗净，切菱形片，焯水后与核桃仁、荷兰豆同拌。

④ 调入盐、味精、香油拌匀即可。

三色桃仁

⏰ 制作时间 **15分钟**

材料 核桃仁80克，玉米粒、西芹、胡萝卜、红豆适量

调料 盐、味精各3克，香油10克

做法

① 玉米粒、红豆均洗净，放入沸水锅中煮熟后捞出。

② 西芹、胡萝卜均洗净，切片。

③ 将核桃仁、玉米粒、西芹片、胡萝卜片、红豆调入盐、味精拌匀。

④ 淋入香油即可。

豆类

◆ **食疗作用**：大豆是豆科植物中最富有营养而又易于消化的食物，是蛋白质最丰富最廉价的来源。在今天世界上许多地方，豆类是人和动物的主要食物。具有滋补养心、祛风明目、清热利水、活血解毒等功效。

豌豆的烹制

烹制豌豆前，应先将其放入冷水中浸泡或将其放入沸水中焯一下，再进行后续烹饪，可以避免人体食用后出现不适症状。择菜时，应将豆筋摘除，否则既影响口感又不易消化。

蚕豆的选购

在挑选蚕豆的时候，应选择豆厚、身坚的嫩蚕豆，豆角呈鲜绿，豆荚润绿，豆粒饱满、湿润。如果有浸水的斑点，则表示蚕豆受了冻伤；如果蚕豆颜色呈黑色，则为劣货，不能购买。

四季豆的选购

购买时应选择外表新鲜干净、有光泽、呈嫩绿色、肉厚挺实、豆粒呈青白或红棕色、形状完好、无划痕、味道鲜嫩清香的四季豆。

香糟毛豆

⏰ 制作时间 **14分钟**

材料 鲜毛豆节300克

调料 糟卤500克，盐15克，香叶2片，绍酒50克

做法

①新鲜毛豆节剪去两端，放入开水中氽烫，捞出。

②放入冷水中冲凉备用。

③糟卤、盐、香叶、绍酒放在一起调均匀。

④将毛豆节放入糟卤中。

⑤入冰柜冰2小时即可。

周庄咸菜毛豆

⏰ 制作时间 **12分钟**

材料 周庄阿婆咸菜300克，毛豆肉50克

调料 香油20克，盐3克，麻油适量

做法

①咸菜切成小段（2~3厘米）；毛豆肉氽水捞起，放入冷水中备用。

②取锅洗净烧热，加入香油炝锅，咸菜、盐入锅炒出香味。

③淋上麻油出锅。

④咸菜凉后加入毛豆肉，拌在一起即可装盘。

拌萝卜黄豆

⏱ 制作时间
25分钟

材料 萝卜300克，黄豆100克

调料 盐10克，味精3克，香油15克

做法

① 将萝卜削去头、尾，洗净，切成8毫米见方的小丁，放入盘内。

② 将萝卜丁和黄豆一起放入沸水中焯烫后，捞出沥水，备用。

③ 黄豆和萝卜丁加入盐、味精、香油，拌匀即成。

话梅芸豆

⏱ 制作时间
80分钟

材料 芸豆200克，话梅适量

调料 冰糖适量

做法

① 芸豆洗净，放入沸水锅中煮熟后捞出，沥干水分，备用。

② 锅置火上，加入少量水，放入话梅和冰糖，熬至冰糖融化，倒出晾凉。

③ 将芸豆倒入冰糖水中，放冰箱冷藏1小时，待汤汁进入后即可。

酒酿黄豆

⏱ 制作时间
30分钟

材料 黄豆200克

调料 醪糟100克

做法

① 黄豆用水洗好，浸泡8小时后去皮，洗净，捞出待用。

② 把洗好的黄豆放入碗中，倒入准备好的部分醪糟。

③ 放入蒸锅里蒸熟。

④ 在蒸熟的黄豆里点入一些新鲜的醪糟即可。

豆制品

◆ **营养分析：**
豆制品的营养主要体现在其丰富的蛋白质含量上。豆制品所含人体必需氨基酸与动物蛋白相似，同样也含有钙、磷、铁等人体需要的矿物质，含有维生素 B_1、B_2 和纤维素。豆制品不含胆固醇，是高血压、高脂血、高胆固醇症患者的药膳佳肴，也是儿童、病弱者及老年人的食疗佳品。

豆腐的选购

优质豆腐皮白细嫩、内无水纹、没有杂质；劣质豆腐颜色微黄、内有水纹和气泡、有细微的杂质。另外，把一枚针从优质豆腐正上方 30 厘米处放下，能轻易插入；劣质豆腐则不能或很难插入。

洗豆腐的技巧

将豆腐放在水龙头下开小水冲洗，然后泡在水中约半小时，可以除去涩味。泡在淡盐水中的豆腐不易变质。

豆腐的烹制

有些在市场上购买的豆腐，质量差，上锅炒时很容易把它炒成碎渣。若想使它不碎，可以先将豆腐用热水煮一会儿，然后再上锅炒，这样就可以让它不碎了。

蔬菜豆皮卷

⏱ 制作时间 **12分钟**

材料 白菜、葱、黄瓜、西红柿各80克，豆腐皮60克

调料 盐、味精各4克，生抽10克

做法

1. 白菜洗净，切丝。
2. 葱洗净，切段。
3. 黄瓜洗净，去皮、去籽，切段。
4. 西红柿洗净，去籽，切丁。
5. 豆腐皮洗净，放入开水中焯烫。
6. 白菜、葱、黄瓜、西红柿放入水中焯一下，晾干，调入盐、味精、生抽拌匀，放在豆皮上。
7. 将豆皮卷起，切成小段，装盘即可。

三丝豆皮卷

⏱ 制作时间 **10分钟**

材料 黄瓜丝、土豆丝、葱丝、香菜末、红椒丝各60克，豆腐皮适量

调料 盐、味精、香油各适量

做法

1. 将土豆丝、红椒丝分别入沸水中焯水后，捞出，沥干水分。
2. 土豆丝与黄瓜丝、葱丝、香菜末、调味料同拌。
3. 将拌好的材料分别用豆腐皮卷好装盘。
4. 撒上红椒丝即可。

油菜叶拌豆腐丝

制作时间
10分钟

材料 油菜叶、豆腐皮各100克

调料 盐3克，白糖3克，香油2克，味精少许

做法

❶将豆腐皮洗净后切成长细丝。

❷将油菜叶清洗干净，放沸水锅中烫熟即捞出，摊凉，沥水。

❸将豆腐皮放在油菜盘内，加入盐、白糖、香油、味精拌匀即可。

麻油豆腐丝

制作时间
8分钟

材料 干豆腐500克，葱、蒜各5克

调料 盐、麻油各5克，味精3克

做法

❶将干豆腐洗净，切成丝。

❷葱洗净，切成葱花。

❸蒜去皮，剁成蒜蓉。

❹锅中加水烧开后，放入豆腐丝稍焯，捞出，装入碗内。

❺再将蒜蓉、葱花和所有调味料一起加入豆腐丝中，拌匀即可。

香辣豆腐皮

制作时间 **8分钟**

材料 红椒5克，豆腐皮150克，熟芝麻3克

调料 葱8克，盐3克，生抽、辣椒油各10克

做法

① 将豆腐皮用清水泡软切块，入热水焯熟。

② 葱洗净切末。

③ 红椒洗净切丝。

④ 将盐、生抽、辣椒油、熟芝麻拌匀，淋在豆腐皮上。

⑤ 撒上红椒、葱即可。

红椒丝拌豆腐皮

制作时间 **10分钟**

材料 豆腐皮150克，香椿苗、红椒丝各30克

调料 盐、味精各3克，香油适量

做法

① 豆腐皮洗净，切丝。

② 香椿苗洗净。

③ 将豆腐皮丝、香椿苗、红椒丝分别放入开水锅中焯烫后取出沥干。

④ 将备好的材料同拌，调入盐、味精、香油拌匀即可。

千层豆腐皮

制作时间
12分钟

材料 豆腐皮500克

调料 盐4克，味精2克，酱油10克，熟芝麻、红油、葱花各适量

做法

① 豆腐皮洗净切块，放入开水中稍烫，捞出，沥干水分备用。

② 将盐、味精、酱油、熟芝麻、红油一同放入碗内，调成味汁。

③ 将豆腐皮一层一层叠好斜切开放盘中，泡在味汁中，最后撒上葱花即可。

四宝烤麸

制作时间
18分钟

材料 烤麸、毛豆、花生米、红辣椒各适量

调料 盐、料酒、酱油、白砂糖、香油各适量

做法

① 烤麸切方块。

② 毛豆洗净备用。

③ 红辣椒去蒂洗净，切片。

④ 将所有原材料入水中焯熟，装盘。

⑤ 炒锅下油烧热，加入香油以外的调味料和水，先用旺火烧开，再用中火收汁，下香油，炒匀出锅淋在烤麸上即可。

炝拌云丝豆腐皮 制作时间 18分钟

材料 云丝豆腐皮250克，芝麻、姜各5克

调料 盐2克，香油、辣椒粉各5克

做法

① 锅上火，注水适量，水开后放入云丝豆腐皮，煮约10分钟至豆腐皮变软。

② 姜洗净切末。

③ 取出豆腐皮，用凉开水冲洗，沥干水分。

④ 将切好的姜、芝麻、调味料搅拌成糊状，抹在豆腐皮上即可。

五香豆腐丝 制作时间 6分钟

材料 豆腐丝150克，葱10克，香菜少许

调料 盐、味精、香油、醋、生抽各5克

做法

① 豆腐丝洗净盛碟；葱洗净切丝，与豆腐丝拌匀。

② 盐、味精、香油、醋、生抽调匀，再与豆腐丝搅拌。

③ 撒上香菜即可。

小贴士 豆腐丝往往会有豆腥味，事先将其在盐水中浸泡一段时间，不仅可去除豆腥味，还可以使之色白质韧，不易破碎。

一品豆花

制作时间
7分钟

材料 豆腐花400克，腌萝卜30克，皮蛋30克，红椒少许

调料 盐3克，味精1克，醋8克，老抽10克，葱少许

做法

①豆腐用水焯过切块。

②腌萝卜、皮蛋、红椒洗净切丁。

③葱洗净切段。

④用盐、味精、醋、老抽调成汤汁，浇在豆花上，再撒上腌萝卜丁、皮蛋丁、红椒丁、葱段即可。

四喜豆腐

制作时间
18分钟

材料 豆腐500克，皮蛋50克，香菜、葱、蒜各30克

调料 香油10克，盐5克

做法

①豆腐洗净，下沸水中焯熟，沸水中下盐，使豆腐入味，捞起沥干水。

②将豆腐晾凉切成四大块，装盘摆好。

③香菜洗净切碎，皮蛋剥去蛋壳切粒，蒜去皮剁成蓉，葱洗净切成葱花。

④分别把香菜、皮蛋、蒜蓉、葱花摆放在豆腐上，淋上香油即可。

小葱拌豆腐

制作时间
8分钟

材料 小葱50克，水豆腐150克

调料 生豆油15克，盐、味精各适量

做法

① 小葱摘洗干净，顶刀切成罗圈丝。

② 水豆腐切成15毫米见方的丁，用开水烫一下，再加凉水凉透。

③ 豆腐丁控净水分，装在盘中。

④ 在盘内撒上盐、味精，再放上葱花，浇上豆油即可。

拌神仙豆腐

制作时间
10分钟

材料 神仙豆腐500克，剁辣椒20克，葱3克

调料 盐5克，味精3克

做法

① 将葱洗净后，切成葱花备用。

② 锅内加水烧沸，放入神仙豆腐稍焯后，捞出，装入碗内。

③ 神仙豆腐内加入剁辣椒、葱花和所有调味料一起拌匀即可。

鸡蓉拌豆腐

制作时间
6分钟

材料 熟鸡脯肉150克，豆腐100克，小香葱10克

调料 香油10克，盐、味精、白糖各少许

做法

① 将豆腐切成小粒放入沸水中烫一下，捞出沥水。

② 将熟鸡脯肉剁碎成细末状，小香葱去掉根和老叶，洗净，切成葱花。

③ 将剁碎的鸡肉撒在豆腐上，撒上葱花，加入调味料拌匀即可。

香椿凉拌豆腐

⏰ 制作时间 **5分钟**

材料 豆腐300克

调料 有机香椿酱适量

做法

① 将豆腐取出，洗净，装盘备用。

② 锅置火上，入油烧热，放入有机香椿酱炒出香味后捞出。

③ 将炒好的有机香椿酱淋在豆腐上即可。

凉拌豆腐

⏰ 制作时间 **12分钟**

材料 内脂豆腐300克，皮蛋、咸蛋各60克，小葱5克，榨菜20克

调料 盐3克，鲜豆酱油、麻油各10克，辣油5克

做法

① 将豆腐倒入八角碟中，直切八刀然后中间一刀向左右分开。

② 皮蛋切碎。

③ 小葱、榨菜切粒。

④ 咸蛋取蛋黄切粒。

⑤ 将皮蛋粒、咸蛋粒、榨菜粒、盐、葱花、酱油、麻油、辣油拌匀放在豆腐上面即可。

日式冷豆腐

⏰ **制作时间** 6分钟

材料 益民豆腐250克，木鱼花15克，姜、葱各5克

调料 酱油10克

做法

① 豆腐切成块，摆入盘中。

② 葱择洗净切花。姜切末。酱油倒在豆腐上。

③ 木鱼花放在豆腐上，即可食用。

家常拌香干

⏰ 制作时间 **7分钟**

材料 香干250克

调料 葱8克，辣椒油、老抽各10克，味精5克，盐3克

做法

① 香干洗净，切成丝，放入开水中焯熟，沥干水分，装盘。

② 葱洗净，切成末。

③ 盐、味精、老抽、辣椒油一同入碗，搅拌均匀。

④ 淋在香干上，拌匀。

⑤ 撒上葱花即可。

富阳卤豆干

⏰ 制作时间 **30分钟**

材料 豆干400克

调料 酱油15克，盐5克，白糖、香油各10克

做法

① 豆干洗净，放入开水锅中焯水后捞出，沥干水分，备用。

② 取净锅上火，加清水、盐、酱油、白糖，大火烧沸。

③ 下入豆干改小火卤约15分钟，至卤汁略稠浓时淋上香油。

④ 出锅，切片，装盘即成。

五香卤香干

⏰ 制作时间 **100分钟**

材料 香干400克

调料 生姜丝、葱白段、生抽、盐、糖、辣椒粉、桂皮、茴香、花椒、八角各适量

做法

❶ 生姜和葱白放入油锅炸透后，放生抽、盐、糖、清水、辣椒粉烧沸，加桂皮、茴香、花椒、八角煮30分钟，制成卤水。

❷ 香干冲洗一下，放入卤水中卤1个小时，捞出切片即可。

菊花辣拌香干

⏰ 制作时间 **8分钟**

材料 菊花10克，香干80克

调料 干红椒、盐各3克，味精5克，生抽8克

做法

❶ 香干洗净，切成小段，放入开水中焯熟，捞起，晾干水分。

❷ 菊花洗净，撕成小片，放入水中焯一下，捞起。

❸ 干红椒洗净，切丝。

❹ 将味精、盐、生抽一起调成味汁。

❺ 将味汁淋在香干、菊花上，拌匀，撒入干红椒即可。

麻辣香干

制作时间
10分钟

材料 香干250克，红辣椒30克，大葱30克

调料 香油10克，辣椒油10克，花椒粉5克，盐、味精各3克

做法

① 将香干洗净，切成薄片，入锅焯烫，捞起沥干水，装盘晾凉。

② 大葱、红辣椒洗净。

③ 大葱切成花，红辣椒切成圈。

④ 锅下油烧热，爆香葱花、椒圈，盛出与其他调味料拌匀。

⑤ 均匀淋在香干片上即可。

洛南豆干

制作时间
10分钟

材料 豆干200克，黄瓜150克

调料 盐3克，醋6克，老抽10克，辣椒油10克

做法

① 豆干洗净切片。

② 黄瓜洗净，取一半切小条，另一半切片垫入盘中。

③ 豆干入水焯熟捞起，放入盘中。

④ 再放入黄瓜条。

⑤ 加盐、醋、老抽、辣椒油拌匀即可。

秘制豆干

制作时间
8分钟

材料 豆干200克，黄瓜100克

调料 盐3克，味精1克，醋6克，生抽10克

做法

① 豆干洗净，切成菱形片，用沸油炸熟，捞出沥油。

② 黄瓜洗净，切成菱形片。

③ 将黄瓜片排于盘内，再将豆干排于上面。

④ 用盐、味精、醋、生抽调成汁。

⑤ 浇在上面即可。

馋嘴豆干

制作时间 **10分钟**

材料 豆干400克，甜椒、芹菜各50克

调料 盐4克，味精2克，酱油8克，香菜5克，香油适量

做法

1. 豆干、甜椒洗净，切成丝。
2. 芹菜洗净，取茎切丝。
3. 香菜洗净，切段备用。
4. 将备好的材料放入开水中稍烫，捞出，沥干水分。
5. 将备好的材料放入容器，加盐、味精、酱油、麻油、香菜搅拌均匀，装盘即可。

香干蒿菜

制作时间 **18分钟**

材料 香干350克，蒿菜250克

调料 姜、葱各10克，酱油、香油各8克，味精、盐各3克

做法

1. 香干、蒿菜洗净，放入开水中焯熟后一起剁碎成泥，放入圆碗中；姜洗净，切成丝；葱洗净，切成碎末。
2. 油锅烧热，放入姜、葱、酱油、味精、盐、香油爆香，起锅，倒入圆碗中，与香干、蒿菜一起搅拌均匀；将圆碗翻转，倒扣在盘中即可。

甘泉豆干

制作时间 **8分钟**

材料 绿豆干250克，红椒丝20克

调料 盐、味精各2克，香醋、红油、香油各10克

做法

1. 绿豆干洗净，切细丝。
2. 锅上火，加水烧开，放入豆干和红椒丝，焯熟，取出晾凉。
3. 将晾凉的豆干和红椒丝装入碗中，加入调味料，拌匀即可。

粉丝、凉粉

◆ **食疗作用**：粉丝的营养成分主要是碳水化合物、膳食纤维、蛋白质、烟酸和钙、镁、铁、钾、磷、钠等矿物质。粉丝有良好的附味性，它能吸收各种鲜美汤料的味道，再加上粉丝本身的柔润嫩滑，更加爽口宜人。凉拌更佳。凉粉多以米、豌豆或薯类淀粉等制作而成，夏季吃凉粉消暑解渴；冬季热吃凉粉多调辣椒又可祛寒。

粉丝的品种有禾谷类粉丝、豆类粉丝、混合类粉丝和薯类粉丝，其中以豆类粉丝里面的绿豆类粉丝质量最好，薯类粉丝的质量比较差。质量比较好的粉丝，应该粉条均匀、细长、白净、整齐，有光泽、透明度高、柔而韧、弹性足、不容易折断，粉干洁，无斑点黑迹，无污染，无霉变异味。

粉丝的食用

食用粉丝后，不宜再进食油炸脆松食品，如油条之类。因为油炸食品中含有大量的铝，食用粉丝后再进食油炸食品，会使铝的摄入量大大超过每天允许的摄入量，有害身体健康。

水晶粉丝

⏰ 制作时间 **8分钟**

材料 粉丝150克，胡萝卜10克，黄瓜10克

调料 盐3克，香油适量

做法

① 粉丝洗净，放入加盐、油的开水中烫熟，捞出，晾干水分，切成段，盛盘。

② 胡萝卜去皮，洗净，切片；黄瓜洗净、切片，摆盘。

③ 淋上香油即可。

酸辣凉粉

⏰ 制作时间 **6分钟**

材料 凉粉400克，葱、蒜各10克，姜、香菜各少许

调料 香油、红油、生抽各5克，盐、味精、白糖各3克，醋8克，辣酱适量

做法

① 凉粉洗净后切成四方的丁状。

② 葱洗净，切葱花；蒜去皮，切末；姜去皮，切丝；香菜摆入盘中，再放入凉粉。

③ 取一小碗装入所有调味料，调匀后，淋于凉粉上，再淋少许香油即可。

四川青豆凉粉 制作时间 8分钟

材料 四川青豆凉粉200克，葱10克，黄豆20克

调料 盐4克，味精、糖各2克，醋、酱油各5克，红油8克，上汤100克

做法

① 先将葱切葱花，凉粉切成大小相同的细段装盘

备用。

② 锅中放入少许上汤，调入盐、味精、糖、醋、酱油、红油搅成汁。

③ 用已调好的汁倒在凉粉上，再撒上葱花、黄豆拌匀即可。

麻辣川北凉粉 制作时间 16分钟

材料 花生仁50克，凉粉300克，葱花5克

调料 老干妈豆豉、郫县豆瓣、蒜泥各15克，香辣酱10克，花椒面8克，味精2克，红油25克

做法

① 花生仁放入油锅中炸香酥，捞出沥油备用。

② 将凉粉切成5寸长的节，装入盘中。

③ 加入花生仁、葱花及所有调味料拌匀即可。

玉米凉粉

⏰ 制作时间 **13分钟**

材料 凉粉400克，玉米粒20克

调料 豆豉、葱花、红椒、红油、盐各适量

做法

① 凉粉洗净切条，焯水后装盘。

② 红椒洗净，切片。

③ 锅中加水烧沸，下玉米粒、红椒片焯熟后，捞出盖在凉粉上。

④ 锅中加油烧热，将豆豉、红椒炒香后，加盐、红油炒匀，淋在凉粉上，再撒上葱花即可。

水晶凉粉

⏰ 制作时间 **10分钟**

材料 川北凉粉500克

调料 盐4克，味精2克，酱油8克，熟芝麻10克，葱花15克，豆豉25克，红油适量

做法

① 川北凉粉洗净切条，放入沸水中稍烫捞出。

② 油锅烧热，放入豆豉、盐、味精、酱油、红油炒成调味汁。

③ 将调味汁淋在凉粉上，撒上熟芝麻、葱花即可。

酸辣蕨根粉

制作时间
18分钟

材料 蕨根粉250克，花生米100克

调料 葱30克，红辣椒20克，醋、香油、红油各10克，盐5克，味精2克

做法

① 蕨根粉泡发洗净，入沸水中焯熟，再放入凉水中冷却，沥干装盘。

② 红辣椒洗净切圈。锅烧热下油，下椒圈、葱花、拍碎的花生仁，盛出与其他调味料拌匀，淋在蕨根粉上即可。

菠菜粉丝

制作时间
8分钟

材料 菠菜400克，粉丝200克，甜椒30克

调料 盐4克，味精2克，酱油8克，红油、香油各适量

做法

① 菠菜洗净，去须根；甜椒洗净切丝；粉丝用温水泡发备用。

② 将备好的材料放入开水中稍烫，捞出，菠菜切段。

③ 将所有的材料放入容器中，加酱油、盐、味精、红油、香油拌匀装盘即可。

爽口魔芋结

⏰ 制作时间 **15分钟**

材料 魔芋结500克

调料 红椒5克，葱3克，盐3克，酱油5克，生抽10克，味精2克，醋10克

做法

① 魔芋结洗净，放入开水中焯一下，捞出，沥干水分，装盘。

② 红椒洗净切丁；葱洗净，切碎。

③ 盐、酱油、生抽、味精、醋调成味汁。

④ 将味汁淋在魔芋结上，撒上红椒、葱末即可。

酸辣魔芋丝

⏰ 制作时间 **13分钟**

材料 魔芋结500克，熟芝麻5克

调料 葱5克，姜3克，蒜3克，香油、红油、陈醋各适量

做法

① 将姜、蒜均去皮，切成末；葱洗净，切花。

② 魔芋结用热水焯烫至熟后，捞出装入碗中。

③ 将姜、蒜末和香油、红油、陈醋、芝麻一起拌匀。

④ 淋在碗中魔芋丝上，再撒上葱花即可。

傣味酸辣豌豆凉粉

⏰ 制作时间 **13分钟**

材料 豌豆凉粉400克，花生米50克，芹菜50克

调料 辣椒酱、酱油、蒜末、姜末各20克，香油10克

做法

① 豌豆凉粉洗净，放开水中焯熟捞起沥水，切块装盘。

② 花生米炒熟压碎；芹菜洗净切碎。

③ 锅下油炒热，下花生米、芹菜和各种调味料炒匀，然后盛出放在凉粉上即可。

一品凉粉

制作时间
10分钟

材料 凉粉300克

调料 盐3克，味精1克，醋5克，葱、红椒、香油各适量

做 法

① 凉粉洗净，切成长条；葱、红椒洗净，切段。

② 将凉粉条放入盘中，加入盐、味精、醋、香油拌匀。

③ 撒上葱段、红椒段即可。

豆豉凉皮

制作时间
8分钟

材料 凉皮250克

调料 葱、老干妈豆豉各30克，盐、味精各5克，香油10克

做 法

① 凉皮用清水洗净，放开水中焯熟，捞起沥干水，晾凉装盘。

② 葱洗净，切成葱花，与凉皮一起装盘。

③ 把其他调味料一起拌匀，淋于凉皮上即可。

凉拌蕨根粉

制作时间
10分钟

材料 蕨根粉300克，菠菜30克

调料 盐3克，味精1克，醋5克，老抽10克，红椒丝少许

做 法

① 蕨根粉洗净。

② 菠菜洗净，用沸水焯熟。

③ 红椒丝洗净，用沸水焯熟。

④ 锅内注水烧沸，放入蕨根粉焯熟后，捞起晾干装入盘中，再放入菠菜、红椒丝。

⑤ 加入盐、味精、醋、老抽拌匀即可。

凉皮、凉面

陕西凉皮： 陕西凉皮分为大米面皮和小麦面皮两大类，以大米面皮最受欢迎，故又称米皮，一般人们提起凉皮就指的是大米面皮，而且专指汉中凉皮、西安凉皮、户县米面凉皮、秦镇凉皮。春天吃能解乏，夏天吃能消暑，秋天吃你能去湿，冬天吃面皮能保暖，真可谓是四季皆宜、不可多得地天然绿色无公害食品。

凉皮的烹制

将粉皮或凉粉切成小块或条，放进滚开的水里烫，轻搅3～5下，2～3分钟后灭火；捞出后放入凉水中，再换2～3次凉水。捞出后即可加辣椒油、醋、香油、麻酱、芥末油等调味品拌食。此法处理过的粉皮或凉粉柔韧、光滑，口感好，而且可以保证卫生，也能保鲜。余下的放进冰箱，再食用时口感不变。

用微波炉做凉面

夏天在家里做凉面时，时间一长面条就不筋道，时间一短又会夹生。解决方法是：刚开锅就捞出面条，再拌入素油，放到微波炉里，用高火力持续加热4分钟，待熟后放在电扇下吹凉。拌入作料后吃，很有嚼头。

东北大拉皮

⏰ 制作时间 **10分钟**

材料 拉皮、心里美萝卜、黑木耳、胡萝卜、黄瓜各适量

调料 红尖椒碎20克，葱花20克，盐5克，香油20克，味精3克，香醋10克

做法

① 拉皮洗净。

② 心里美萝卜、黄瓜、黑木耳、胡萝卜均洗净切丝。

③ 所有原材料焯熟、沥干，装盘。

④ 撒上红尖椒碎和葱花，把其他调味料放进碗中拌匀用作蘸料。

凉拌莜面

⏰ 制作时间 **6分钟**

材料 莜面300克，黄瓜50克，白萝卜少许

调料 盐3克，味精1克，醋6克，香油10克，红椒少许

做法

① 莜面在开水中泡软，捞出，放入凉水中浸泡一会儿，捞出沥水，备用。

② 黄瓜洗净，切丝。

③ 白萝卜洗净，切丝。

④ 红椒洗净，切丝。

⑤ 加入盐、味精、醋、香油、红椒丝拌匀即可。

小黄瓜凉拌面 制作时间 10分钟

材料 小黄瓜100克，胡萝卜50克，油面300克，葱10克，蒜味花生仁15克

调料 盐、醋各4克，糖、酱油各15克

做法

① 小黄瓜和葱分别洗净，胡萝卜去皮，均切丝。

② 油面放入滚水中汆烫，捞出，沥干，盛盘备用。

③ 锅中倒入1大匙油烧热，放入蒜味花生仁爆香，加入胡萝卜和小黄瓜丝大火炒匀，再加入调味料调拌均匀，盛在烫好的油面上拌匀即可端出。

陕北莜面 制作时间 8分钟

材料 莜面条250克，黄瓜100克

调料 红辣椒30克，葱油10克，香油10克，盐5克，味精2克，醋8克，芝麻20克

做法

① 莜面条煮熟，捞起沥水。

② 黄瓜、红辣椒洗净，切丝。

③ 锅烧热下油，放芝麻、辣椒丝爆香，盛出后与其他调味料拌匀，淋在莜面条上即可。

第 3 部分

凉拌荤菜

每一道凉菜，吃的不仅仅是食物本身，调味料才是美味所在。这一点在荤凉菜的制作中尤为重要。糖、香油、醋、盐、辣椒油等调味料赋予了每一道荤凉菜不同的味道。本章将为大家介绍凉拌荤菜的制作工艺，简单，易学，让您用最少的时间，就能学会凉拌荤菜的做法。

猪肉

◆**食疗作用**：猪肉是人类摄取动物脂肪和优质蛋白质的主要来源之一，是人们日常生活中最主要的副食品之一，是体虚、体弱者的滋补佳品。猪肉性温，味甘、咸，具有滋阴润燥、补虚养血、滋养脏腑之功效。

猪肉的选购与储存

购买时应选择呈淡红色、有光泽、有弹性、肉质较软的猪肉。

猪肉应放入冰箱冷冻并尽快食用。

猪肉的烹制

切猪肉时要斜着切，可使猪肉不易破碎，吃起来不会塞牙。用凉水短时间浸泡猪肉，可避免营养物质流失；也可用淘米水清洗猪肉，可轻易去除附着其上的污物。切肥猪肉时，先将肥肉蘸一下凉水，再一边切一边将凉水洒在肉上，既省力又不会使肥肉滑动，还可避免肉粘板。

拌里脊肉片

⏰ **制作时间**
14分钟

材料 猪里脊肉250克，鸡蛋70克，蒜泥、姜末各少许

调料 盐、酱油、醋、白砂糖、香油、湿淀粉、清鸡汤各适量

做法

❶里脊肉洗净沥水，切成柳叶片；鸡蛋取蛋清备用。

❷将里脊肉用盐、鸡蛋清、湿淀粉上浆，5分钟后投入沸清汤中，烫至变色断生，捞出沥干水，放入盘中。

❸将酱油、醋、白砂糖、蒜泥、香油、姜末和少许清鸡汤调匀，浇在里脊肉片上拌匀即成。

蒜泥白肉

⏰ **制作时间**
18分钟

材料 猪臀肉500克，蒜泥25克

调料 酱油、辣油各20克，白糖2克，清汤、香醋各5克，盐1克，味精4克，白酒适量

做法

❶猪臀肉洗净。

❷锅上火，加入适量清水，放入少许白酒、姜，水沸后下猪臀肉，余熟捞出，沥干，切成薄片，整齐地装入盘内。

❸小碗内放入蒜泥、酱油、糖、盐、味精、辣油、清汤，调匀后，浇在白肉片上面即成。

酸菜拌白肉

 制作时间
16分钟

材料 酸菜、瘦猪肉各100克，大蒜10克

调料 盐5克，白糖6克，香油4克，味精少许

做法

① 将瘦猪肉洗净，放入烧开的水内煮熟即捞出切成条。

② 酸菜洗净，挤干水，切成1寸半长的细丝；将大蒜剥去外皮，冲洗一下，捣成蒜泥。

③ 将肉条和酸菜丝一同放入盘内，撒上盐腌5分钟后，再加入白糖、味精、香油和蒜泥拌匀即可。

猪肝拌豆芽

制作时间
14分钟

材料 新鲜猪肝、绿豆芽各100克，海米5克，鲜姜10克

调料 酱油、白糖各5克，盐、醋、淀粉各3克

做法

① 猪肝洗净，切成薄片；绿豆芽择去根洗净备用；海米用开水泡软。

② 锅中加入水、盐烧开，将猪肝和绿豆芽焯熟后捞出，装入盘内。

③ 将切好的猪肝片加入所有调味料腌渍入味，加入豆芽，撒上海米即可。

卤猪肝

制作时间
40分钟

材料 猪肝500克，绍酒、酱油各50克，姜5克

调料 冰糖70克，盐、桂皮、八角、丁香各适量

做法

① 将猪肝洗净，用盐擦匀腌渍5分钟，随即放入沸水锅中氽烫片刻，取出沥水。

② 将炒锅置于旺火上加热，倒入清水和所有调味料，捞出渣物，放入猪肝，用文火煮30分钟。

③ 将卤好的猪肝取出，自然冷却后即可切片装盘。

猪肝拌黄瓜

制作时间
10分钟

材料 猪肝300克，黄瓜200克

调料 香菜20克，盐、酱油、醋、味精、香油各适量

做法

① 黄瓜洗净，切小条；香菜择洗干净，切2厘米长的段。

② 猪肝洗净切小片，放入开水中氽熟，捞出后冷却、控净水。

③ 将黄瓜摆在盘内垫底，放上猪肝，调入酱油、醋、盐、味精、香油，撒上香菜段，食用时拌匀即可。

红油猪肚丝

制作时间
35分钟

材料 猪肚500克，蒜蓉、姜丝各10克，葱白段5克，青、红椒各15克

调料 盐5克，鸡精2克，红油10克，料酒适量

做法

锅上火，注入清水适量，加入姜丝、葱段、料酒，水沸后放猪肚，煮熟捞出。

晾凉猪肚，切丝，装碗。

在装有猪肚丝的碗中调入盐、鸡精、青椒丝、红椒丝、红油、蒜蓉拌匀，装盘即可。

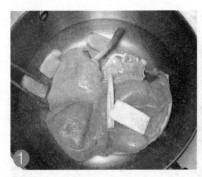

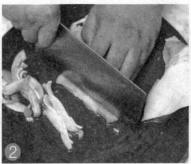

酸菜拌肚丝

制作时间
13分钟

材料 熟猪肚300克，酸菜100克，青、红辣椒40克

调料 香菜10克，大葱、生姜、醋、香油各5克，盐3克，味精1克

做法

1. 将熟猪肚切丝，放入盘中。

2. 酸菜洗净，切丝，放入凉开水中稍泡，捞出，挤净水分，放入盘内。香菜、大葱、生姜、青红辣椒均洗净，切成细丝，放入盘中。

3. 将盐、醋、味精、香油倒入碗内，调成汁，浇在盘中的菜上，一起拌匀即可。

水晶猪皮

制作时间
190分钟

材料 猪肉皮500克，葱10克，姜5克

调料 盐、老抽各5克，味精、芝麻、醋各3克

做法

1. 肉皮刮去残毛洗净，切成四方形小粒。

2. 将肉皮放入锅中，加水、盐、味精熬3个小时至浓稠时，盛入碗中，放入冰箱急冻至凝固。

3. 取出皮冻，切成块状；所有调味料拌匀做蘸料食用即可。

酱猪心

制作时间
10分钟

材料 猪心500克，大葱、鲜姜、大蒜各3克

调料 酱油、盐、花椒、大料、红油各5克，桂皮3克，丁香2克

做法

1. 猪心洗净，去除心内淤血；锅中加清水烧沸，放入猪心，煮20分钟后捞出。

2. 把大葱、鲜姜、大蒜、花椒、大料、桂皮、丁香同装一洁净布袋内，扎紧袋口，将煮好的猪心和布袋一同放入锅内，煮至猪心熟透。

3. 捞出猪心，将猪心切片拌上红油和葱花即可。

手工皮冻

⏱ 制作时间
185分钟

材料 猪皮150克

调料 水2500克，盐3克，生抽5克

做法

❶ 先将猪皮清洗干净，用热水烫熟，再用小刀把猪皮上的毛、猪油去掉，切成长5厘米、宽1.5厘米的条。

❷ 将清洗干净的猪皮条放入一个小灌，加清水，用温火焖2~3小时。

❸ 待猪皮焖出稠丝，取出，放入盆内过滤，再放入冰箱，冷冻即可。

沙姜猪肚丝

⏱ 制作时间
45分钟

材料 猪肚250克，沙姜、葱段各10克，生姜末4克，蒜蓉3克

调料 橘皮、果皮各5克，草果、酱油、花雕酒、麻油、辣椒油各4克，花椒油少许，八角、盐适量

做法

❶ 锅上火，注适量水，加入果皮、八角、草果、花

雕酒、橘皮、沙姜、葱段，待水沸，下入猪肚，煮沸后，转小火煲至猪肚熟，捞出。

❷ 冲凉水洗净后，猪肚切成丝，将猪肚丝放入沸水焯约2分钟后，捞出沥干水分，装入碗里。

❸ 调入生姜末、盐、酱油、蒜蓉、辣椒油、沙姜末、麻油、花椒油各少许，拌匀，装盘即可。

大刀耳片

制作时间 **25分钟**

材料 猪耳300克，黄瓜50克

调料 盐3克，味精1克，醋8克，生抽10克，红油15克，熟芝麻、葱各少许

做法

① 猪耳洗净，切片；黄瓜洗净，切片，装入盘中；葱洗净，切花。

② 锅内注水烧沸，放入猪耳片氽熟后，捞起沥干并放入装有黄瓜的盘中。

③ 用盐、味精、醋、生抽、红油调成汤汁，浇在耳片上，撒上熟芝麻、葱花即可。

拌耳丝

制作时间 **28分钟**

材料 猪耳朵250克，香菜、葱段各15克，姜片10克

调料 生抽10克，醋、辣椒酱、料酒、白糖、红油各5克，盐3克

做法

① 猪耳朵刮洗干净，放入沸水中氽去血水，捞出，再放沸水中煮熟后捞出，冷却后切丝。

② 将所有调味料一起拌匀成调味汁待用。

③ 将耳丝装入碗中，淋上调味汁拌匀即可。

拌口条

制作时间 **28分钟**

材料 猪舌（口条）300克

调料 盐5克，味精3克，红油20克，卤水适量，蒜5克，葱6克

做法

① 将猪舌洗净，放入开水中氽去血水后，捞出；蒜去皮洗净剁蓉，葱洗净切末。

② 锅中加入卤水烧开后，下入猪舌卤至入味。

③ 取出猪舌，切成片，装入碗内，调入盐、味精、红油、蒜蓉、葱末拌匀即可。

拌肥肠

⏱制作时间 **35分钟**

材料 猪肥肠200克，香菜50克，蒜泥适量

调料 酱油、醋、盐、味精、花椒粉各适量

做法

① 将肥肠洗净切成长条，香菜用开水烫透，切成段。

② 将切好的肥肠放入开水中氽熟后，捞出沥水。

③ 把香菜和肥肠拌在一起，放入盐、味精、酱油、醋、花椒粉拌匀。

④ 然后蘸蒜泥食用。

酱卤花肠

⏱制作时间 **40分钟**

材料 白煮猪花肠400克

调料 精卤水500克，干辣椒、甜面酱、蒜泥各5克

做法

① 将猪花肠下入开水锅中氽水，捞出冲洗干净；干辣椒洗净，切成小段。

② 精卤水烧开，加入干辣椒、甜面酱煮15分钟，放入猪花肠煮开，改小火卤制15分钟至入味。

③ 将卤好的猪花肠趁热取出，切成段，蘸蒜泥食用即可。

虎皮霸王肠

⏱制作时间 **35分钟**

材料 猪大肠、猪瘦肉各100克，猪肉皮、火腿、豌豆、皮蛋、杏仁、黄瓜各少许

调料 盐6克，味精1克，料酒、酱油各3克

做法

① 猪大肠治净；豌豆、杏仁均洗净备用。

② 猪瘦肉、猪肉皮、火腿均洗净切成丁，加入豌豆、杏仁、料酒、盐、酱油、味精调成馅料，装入猪大肠内，两头系好，放入蒸笼中蒸熟。

③ 油锅烧热，将蒸好的猪大肠放入锅中炸至呈虎皮色，捞出切片；将其他配料改刀码盘即可。

千层猪耳

制作时间
22分钟

材料 猪耳朵350克，红辣椒5克

调料 葱白、生姜、八角、花椒、香叶各5克，酱油、料酒、白糖、味精各3克

做法

1 将猪耳朵治净，下入沸水锅中汆一下，捞出，沥干水分；将葱白、生姜、红辣椒均洗净，葱白、红辣椒切成段，生姜切成片。

2 油锅烧热，放入花椒、八角、葱白段、生姜片、红辣椒、香叶炒出香味，加入酱油、料酒、白糖、味精和适量水，调成酱汁。

3 将猪耳朵放入酱汁锅内，烧沸后酱至猪耳朵熟透，捞出，趁热卷起，凉透后切成片即可。

泡猪尾

制作时间
3天

材料 猪尾300克，红尖椒10克，野山椒25克

调料 盐70克，葱5克，花椒、香菜、姜、蒜各10克

做法

1 所有材料洗净，猪尾刮净毛，放入锅中煮熟，捞出过冷水；姜切块，香菜切末，葱切末。

2 将姜、蒜、红尖椒、野山椒、盐、花椒加水800克制成泡菜水，放入猪尾密封泡制3天。

3 取出猪尾斩件，蒜、红尖椒、野山椒切粒，加香菜、葱一起拌匀，摆盘即可。

猪腰拌生菜

⏰ 制作时间
3天

材料 猪腰200克，生菜100克

调料 盐、味精、酱油、醋、香油各适量

做法

① 将猪腰片开，取出腰筋，在里面剁顺刀口，横过斜刀片成梳子薄片。

② 将腰片用开水焯至断生捞出，放入凉水中冷却，沥干水分待用；生菜择洗净，切成3厘米长段后备用。

③ 将猪腰和生菜装入碗内，将调味料兑成汁，浇入碗内拌匀即成。

凉拌腰片

⏰ 制作时间
20分钟

材料 猪腰300克，蒜、葱、姜各10克，香菜50克

调料 红油、醋各8克，生抽、花生酱各5克，盐、白糖各3克，味精2克

做法

① 将猪腰洗净后对半剖开，去除其白色黏附物，蒜、姜切丝，葱切葱丝，香菜洗净，备用。

② 猪腰切成片状备用。

③ 锅中水煮沸后，下入猪腰片，过水汆烫，至熟后捞起，沥干水分；盘底摆入香菜，将猪腰片放于其上，取一小碗将所有调味料调匀，淋于猪腰片上，撒上葱丝，淋入香油即可。

核桃拌火腿

⏰ 制作时间 **12分钟**

材料 火腿250克，核桃仁200克，红椒、葱段各10克

调料 盐5克，味精3克

做法

① 火腿洗净切成小方块，红椒洗净切成小片，入沸水中汆烫后捞出。

② 锅上火加油烧热，下入核桃仁，炒香后盛出装入碗内。

③ 核桃仁内加入火腿丁、辣椒片、葱段和所有调味料一起拌匀即可。

卤水粉肠

⏰ 制作时间 **150分钟**

材料 粉肠300克，葱、蒜、姜各5克

调料 八角、桂皮、老抽、味精各50克，花椒、豆蔻、盐各30克，丁香15克，甘草10克，鱼露250克，料酒40克，水7500克，草果适量

做法

① 将粉肠洗净，放入沸水中焯去腥味后，捞出沥水。

② 将所有调味料加水熬2个小时制成卤水，放入粉肠卤25分钟至熟，捞出。

③ 待粉肠凉后，取出切成小段即可。

哈尔滨红肠

⏰ 制作时间 **21分钟**

材料 瘦肉350克，五花肉150克，鸡蛋80克，姜、葱、肠各适量

调料 盐3克，味精1克，生粉、五香粉各5克

做法

① 先将肠洗干净，用筷子刮掉肠油，制成肠衣，姜、葱切末，蛋打匀。

② 将瘦肉、五花肉洗净，用机器搅成泥，加入盐、味精、蛋、生粉、五香粉、姜、葱末搅匀。

③ 将肉泥灌入肠衣内，放入锅内煮熟切片即可。

折耳根拌腊肉

⏰ 制作时间 **3天**

材料 腊肉300克，折耳根200克，辣椒面20克，蒜、香菜各5克

调料 盐、麻油、陈醋各5克，味精3克，鸡精2克，辣椒油10克

做法

① 将折耳根洗净摘成小段；将腊肉洗净切成小片，放入八成热的油中，过油后捞出。

② 香菜洗净切段，蒜剁成蓉。

③ 将腊肉、折耳根、香菜段、蒜蓉和所有调味料一起拌匀即可。

糖醋小排

⏰ 制作时间 **25分钟**

材料 猪小排骨300克，葱10克，姜3克，鸡蛋60克

调料 盐、醋各3克，白糖10克，生粉、番茄酱各5克

做法

① 猪小排骨洗净斩成小段，葱洗净切成圈，姜去皮切成末。

② 将排骨装入碗内，加入生粉和鸡蛋液一起拌匀，入油锅中炸至金黄色。

③ 锅置火加油烧热，下入番茄酱炒香后，加入清水、糖、醋、盐勾芡，下入排骨拌匀即可。

牛、羊肉

◆**食疗作用：** 牛肉味甘，黄牛、牦牛肉性温，水牛肉性寒，具有补脾胃、益气血、强筋骨、祛风化痰、止渴、消除水肿等功效。牛肉中的肌氨酸含量比任何其他食品都高，所以牛肉对增长肌肉、增强肌力特别有效，是冬季的补益佳品。羊肉性温，味甘，有补虚、祛寒、温补气血、益肾补衰、开胃健脾、通乳治带、助元益精之效。寒冬常食羊肉可以益气补益、祛寒暖身，增强抵抗力。

牛肉的选购与储存

应选择颜色浅红均匀、有光泽、脂肪洁白或淡黄、肉皮无红点、手摸微干或微湿润、不粘手、有弹性、味道鲜嫩、无异味的牛肉。牛肉受风吹后容易变黑，进而变质，因而要注意保鲜，应放入冰箱冷藏并尽快食用。

牛肉的烹制

煮老牛肉时，可在前一天晚上在牛肉上涂一层芥末，第二天用冷水清洗干净后下锅煮，煮时再放点酒、醋，这样可使肉质鲜嫩，容易煮烂。烹煮牛肉时，放几个山楂、几块橘皮、几片萝卜或一点儿茶叶可使牛肉更易烂，也可祛除其异味。炒牛肉片之前，先用啤酒将面粉调稀，淋在牛肉片上，拌匀后腌30分钟，可增加牛肉的鲜嫩度。

风干牛肉

⏰ 制作时间 **70分钟**

材料 腌制好的风干牛肉400克，红椒圈、洋葱圈各30克

调料 味精2克，白糖3克，蒜泥汁、香菜各适量

做法

① 风干牛肉入清水中浸泡5分钟，去除盐分。

② 牛肉中加入洋葱圈，入蒸锅中大火蒸1小时，蒸透后取出，切成片，码入盘中。

③ 另起锅，加入蒸牛肉的原汤烧开，调入味精、白糖，出锅浇在牛肉片上，点缀红椒圈、香菜、洋葱圈，蒜泥汁供蘸食。

酱牛肉

⏰ 制作时间 **70分钟**

材料 牛腱子肉300克，清水2500克，葱、姜各10克

调料 花椒、大料、丁香、桂皮各少许，苹果、老抽各5克，生抽4克，盐3克，味精2克，花雕酒6克，酱油10克

做法

① 先将牛肉洗干净，切成段，姜切块，备用。

② 将锅中清水烧沸，放入牛肉。

③ 再将花椒、大料、葱、姜、丁香、桂皮、苹果、老抽、生抽、盐、味精、花雕酒、酱油放入锅内，一起卤制1小时后，取出，冲凉，切成薄片，装盘即可。

灯影牛肉

⏱ 制作时间
20分钟

材料 牛肉300克

调料 葱花10克，蒜末、盐各5克，味精3克，红油50克，卤水适量

做法

① 将牛肉块洗净，入沸水中氽去血水。

② 将牛肉块加入卤水中卤至入味取出，待冷却后，撕成细丝。

③ 锅中加入红油烧沸，下入牛肉丝，加入盐、味精、葱花、蒜末浸泡至入味即可。

鸽蛋拌牛杂

⏱ 制作时间
120分钟

材料 鸽子蛋150克，牛杂100克，生姜10克，葱段、蒜蓉、葱花各5克

调料 盐、味精、鸡精各2克，酱油、花椒油各3克，香油6克，桂皮、果皮、草果、丁香各适量

做法

① 锅上火，油烧热，下桂皮、果皮、草果、丁香、生姜、葱段炒香后，注入适量清水。

② 待水热加入鸽子蛋、牛杂、盐、鸡精粉、味精，大火煮沸，转用小火煲至牛杂熟烂入味，捞出，沥干水分，晾凉。

③ 将鸽蛋剥去壳，对半切开，牛杂切成片，装入碗内，调入花椒油、酱油、香油、盐、鸡精、蒜蓉、葱花，拌匀即可。

麻辣卤牛肉

⏰ 制作时间 **20分钟**

材料 卤牛肉100克，姜蓉、蒜蓉各1克，青瓜5克，红尖椒适量

调料 盐3克，花椒油、酱油、陈醋、香油各2克，白糖4克，红油、味精各1克

做法

① 卤牛肉切成整齐一致的薄片，按螺旋形摆入盘中，青瓜、红椒切片围边。

② 将盐、味精、白糖、陈醋、酱油、花椒油、香油、红油、蒜蓉、姜蓉调成味汁。

③ 将调味汁淋在牛肉上即可。

葱姜牛肉

⏰ 制作时间 **55分钟**

材料 牛肉300克

调料 花椒油5克，葱10克，蒜5克，生姜5克，辣椒5克，盐5克，味精3克，卤水、香油各适量

做法

① 将牛肉洗净放入沸水中焯去血水，再入放卤锅中卤至入味，捞出。

② 卤入味的牛肉块待冷却后切成薄片。

③ 将牛肉片装入碗内，加入所有调味料一起拌匀即可。

小贴士 🌸 牛肉纤维组织较粗，结缔组织较多，用横切的方法可将长纤维切断。

麻辣牛筋

制作时间
12分钟

材料 卤制牛筋200克，红、青辣椒各5克，姜、香菜各3克

调料 辣椒油、花椒各5克，盐、味精、醋、生抽各2克

做法

①将卤制好的牛筋切片，摆盘；蒜、姜去皮，切末；辣椒洗净切丝，放在牛筋上；香菜择洗干净，摆盘。

②油锅烧热，爆香蒜、姜、花椒，盛出，调入盐、味精、芝麻、醋和生抽，拌匀。

③将调味料浇在牛筋上，撒上葱花即可。

五香牛肉

制作时间
65分钟

材料 净牛肉300克

调料 葱、姜、花椒、八角、桂皮、肉蔻、小茴香、料酒、酱油各5克，盐3克

做法

①将净牛肉切块，下入沸水锅内汆净血水，捞出沥水；将葱洗净，切段；姜洗净，切片。

②用纱布袋把花椒、八角、桂皮、肉蔻、小茴香包起，制成料包。

③锅内加水，放入料包，加入料酒、盐、酱油、葱段、姜片，烧沸后放入牛肉块，焖烧至牛肉熟烂，捞出晾凉后切片即成。

夫妻肺片

制作时间 **45分钟**

材料 猪心200克，猪舌200克，牛肉200克，葱10克，蒜5克

调料 盐5克，味精3克

做法

❶将猪心、猪舌、牛肉分别洗净，放入开水中汆去血水；葱切花，蒜剁蓉。

❷再将猪心、猪舌、牛肉放入烧开的卤水中卤至入味，取出切成片。

❸将切好的原材料装入碗内，加入葱花、蒜蓉及所有调味料，拌匀即可。

凉拌牛百叶

制作时间 **10分钟**

材料 牛百叶200克，青、红椒各适量

调料 盐、味精、鸡粉、辣椒油、麻油各适量

做法

❶牛百叶洗净，切片。

❷红椒、青椒洗净，去蒂和籽，切细丝，入沸水中焯熟，捞出，沥干水分。

❸将牛百叶煲熟，至爽脆，注意不要时间过长，捞起，沥干。

❹加入调味料，拌匀，最后撒上红、青椒丝即可。

木姜金钱肚

制作时间 65分钟

材料 金钱肚200克，香菜、姜、蒜、葱各5克，八角2克，桂皮3克

调料 木姜油20克，盐5克，味精3克

做法

①八角、桂皮、葱、姜下锅，加水烧沸制成卤水，金钱肚下锅卤好。

②再将卤好的金钱肚捞出，待凉后，切成片，装入碗中。

③往金钱肚内加入所有调味料一起拌匀即可。

拌牛肚

制作时间 10分钟

材料 熟牛肚200克，胡萝卜5克

调料 大葱20克，香菜5克，味精2克，胡椒粉3克，香醋、辣椒油、香油各适量

做法

①将熟牛肚、大葱、胡萝卜均洗净，切成丝。

②香菜择洗干净，切成段，备用。

③将熟牛肚、大葱、胡萝卜、香菜倒入碗内。

④调入味精、胡椒粉、香醋、辣椒油、香油拌匀即成。

凉拌香菜牛百叶

制作时间
15分钟

材料 水发牛百叶300克，香菜10克

调料 盐5克，白胡椒粉，醋、味精各少许

做法

① 水发牛百叶洗净，切成片。

② 香菜切段。

③ 将切好的牛百叶片放入沸水中焯一下，捞出晾凉。

④ 将牛百叶与香菜段盛入盘中，加入所有调味料拌匀即可。

麻辣羊肚丝

制作时间
15分钟

材料 熟羊肚200克，红椒10克，葱5克

调料 盐3克，味精3克，麻油5克，辣椒油5克

做法

① 羊肚切丝。

② 葱切丝。

③ 红椒切丝。

④ 盐、味精、麻油、辣椒油调匀成汁。

⑤ 所有材料拌匀即可。

凉拌羊肉

制作时间
10分钟

材料 熟羊肉200克，香菜2克，蒜蓉、葱各5克

调料 盐、味精、香油各5克

做法

① 熟羊肉切片盛碟。

② 葱切丝，与蒜蓉、调味料加少许水搅拌成调料汁。

③ 将调料汁淋于羊肉上拌匀，撒少许香菜即可。

鸡肉

◆ **食疗作用**：鸡肉性温，味甘，具有温中益气、补精填髓、益五脏、补虚损、健脾胃、活血脉、强筋健骨、治疗失眠、安神、润泽肌肤、延缓衰老的作用。

鸡肉的选购与储存

购买时应选择肉质紧密、呈粉红色、有光泽，皮呈米色、有光泽、有张力、毛囊突出的鸡肉。鸡肉应放入冰箱冷藏。

鸡肉的烹制

◎ 将刚宰杀的鸡放在加了盐的啤酒中浸泡1个小时，可以祛除腥味。买回的冻鸡，在烹饪前先用姜汁浸泡3至5分钟，能起到返鲜的作用，也可祛除腥味。烹饪之前将鸡肉放在沸水中烫透，使鸡肉表皮受热，毛孔张开，可以排除一些表皮脂肪油，同样可以达到祛除腥味的作用。

滇味辣凤爪

⏰ 制作时间 **10分钟**

材料 去骨凤爪300克，柠檬5克，香茅草、香芹、沙姜各3克，葱头、红尖椒各2克

调料 盐3克，味精2克，白糖5克，红醋3克，鸡精2克

做法

① 将柠檬去皮，香茅草、沙姜、葱头、红尖椒洗干净，一起打成酱。

② 去骨凤爪里放入调制的酱，再放盐、味精、白糖、红醋、鸡精。

③ 拌匀装盘，再放上香芹即可。

口水鸡

⏰ 制作时间 **95分钟**

材料 鸡500克，葱末20克，姜末10克，蒜蓉5克

调料 盐、芝麻各5克，味精3克，红油10克，芝麻酱20克，高汤适量

做法

① 鸡洗净，放入锅中用小火煮至八成熟时，熄火，再泡至全熟后，捞出。

② 将煮好的鸡肉斩成小块，装入盘中，浇入少许高汤。

③ 将葱末、姜末、蒜蓉和所有调味料一起拌匀，浇在鸡块上即可。

萝卜拌鸡丝

⏰ 制作时间 **20分钟**

材料 鸡胸肉300克，胡萝卜、金针菇各100克

调料 蒜瓣6克，香油，醋各5克，盐3克

做法

① 将鸡胸肉洗净煮熟，凉透后撕成丝，放入碗内。

② 将胡萝卜洗净，切成丝，放入鸡丝碗内；金针菇洗净，放入沸水锅中焯熟，捞出，沥净水，也放入鸡丝碗内。

③ 将蒜瓣去皮，洗净剁成泥，加入香油、盐、醋各适量，调成料汁，浇在菜上，拌匀即成。

螺丝粉大蒜汁拌鸡胸

⏰ 制作时间 **22分钟**

材料 螺丝粉150克，蒜10克，鸡胸肉200克

调料 百里香10克，盐3克，胡椒粉2克，芝士粉、大蒜汁各适量

做法

① 蒜去皮洗净，切片；螺丝粉焯熟；鸡胸肉烤熟。

② 蒜片入锅炒香，螺丝粉、芝士粉下锅翻炒，调入百里香、盐和胡椒粉调味。

③ 加入大蒜汁稍炒，装盘即可。

卤鸡腿

⏰ 制作时间 **40分钟**

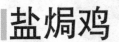

材料 鸡腿150克，葱段、姜片各25克

调料 黄酒25克，酱油15克，白糖2克，茴香、桂皮各5克

做法

①鸡腿除净绒毛，去骨，放入盆内，用葱段、姜片、黄酒、酱油腌渍入味。

②水上火烧开，投入鸡腿，煮约2分钟后捞起。

③原锅洗净，放入鸡腿，加清水、糖、茴香、桂皮，烧开后，转小火卤约30分钟，取出鸡腿，冷却后，浇入少许原卤即可。

盐焗鸡

⏰ 制作时间 **50分钟**

材料 鸡200克，生姜20克，葱10克

调料 味精8克，香油、盐各15克，花椒3克，料酒5克，清汤适量

做法

①将鸡洗净，用姜、葱、盐、料酒、味精、花椒腌渍20分钟。

②锅中加盐炒热，将腌好的鸡用油纸包好，放入炒热的盐中，反复几次，至鸡熟。

③取出鸡，剥去油纸，斩块装盘即可。

香辣鸡翅

⏰ 制作时间 **45分钟**

材料 鸡翅400克，干椒20克，花椒10克

调料 盐5克，味精3克，红油8克，卤水50克

做法

①将鸡翅洗净放入烧沸的油中，炸至金黄色捞出。

②再将鸡翅放入卤水中卤至入味。

③锅中加油烧热，放入干椒、花椒炒香后，放入鸡翅。

④加入调味料炒至入味即可。

怪味鸡

⏰ 制作时间
75分钟

材料 鸡300克，蒜、葱各10克，姜适量

调料 红油20克，盐、白糖各3克，醋5克，味精2克，花椒粉4克

做法

① 锅中放水煮沸后，将洗净的鸡下入沸水中，煮至熟透后，捞起，沥干水分。

② 将鸡切成块状，摆入盘中。姜、蒜去皮后，切末。葱切成葱花。

③ 取一小碗，调入姜末、蒜末和葱花，加入所有的调味料调成味汁，淋于盘中即可。

盐焗凤爪

⏰ 制作时间 **50分钟**

材料 凤爪300克，葱、姜各5克

调料 盐5克，味精3克，鸡精2克，粗盐50克

做法

① 将凤爪洗净，用盐、味精、鸡精和葱段、姜片腌渍入味。

② 锅中加粗盐炒热后，放入用锡纸包好的凤爪，反复几次，至鸡爪熟。

③ 取出鸡爪，剁去趾尖，斩开装盘即可。

柠檬凤爪

⏰ 制作时间 **65分钟**

材料 凤爪250克，柠檬100克，姜、葱各10克

调料 盐2克，鸡精1克，白砂糖3克，生粉水适量

做法

① 凤爪斩去趾洗净，柠檬1个切片备用，姜去皮切片，葱留葱白切段。

② 净锅上火，放入适量清水，加入凤爪、盐、鸡精、姜片、葱段、挤入2个分量的柠檬汁，大火煮沸后，转用小火煲约30分钟，捞出沥干水分，装入盘中。

③ 净锅上火，注入少许清水，放入白砂糖、柠檬片煮沸，转用小火，调入生粉水勾成芡汁，淋入盘中凤爪上即可。

卤味凤爪

制作时间
20分钟

材料 凤爪250克，葱10克，蒜5克

调料 盐5克，味精3克，八角5克，桂皮10克

做法

① 凤爪剁去趾尖后，洗净。

② 葱切段。

③ 蒜切片。

④ 锅中加水烧沸后，放入凤爪煮至熟软后，捞出。

⑤ 锅中加入葱段、蒜片和所有调味料制成卤水，放入鸡爪卤至入味即可。

泰式凤爪

制作时间
20分钟

材料 无骨凤爪200克，香菜、香芹各20克

调料 泰式汁75克，柠檬适量

做法

① 凤爪去趾洗净，香菜、香芹洗净切段；柠檬榨成汁备用。

② 锅上火，水烧开，放入凤爪焯熟，捞出沥干水分，用柠檬汁、泰式汁腌制。

③ 将腌过的凤爪沥干水，调入香菜、香芹拌匀即可上碟。

拌鸡胗

制作时间
20分钟

材料 鸡胗300克，葱20克，蒜10克

调料 味精3克，花椒油、盐各5克，红油10克，卤水适量

做法

① 将鸡胗洗净，放入烧沸的卤水中卤至入味。

② 取出鸡胗，待凉后切成薄片；葱洗净切圈，蒜剁成蓉。

③ 将鸡胗装入碗中，加入所有调味料一起拌匀即可。

鸭肉

◆ **食疗作用**：公鸭肉性微寒，母鸭肉性微温，味甘、咸，具有养胃滋阴、清肺解热、大补虚劳、利水消肿之功效。鸭肉蛋白质的含量比畜肉类含量高，脂肪含量适中且分布较均匀，民间认为鸭是"补虚劳的圣药"。

鸭肉的选购与储存

应选择肉质紧密饱满、肉呈粉红色且有光泽、鸭皮光亮且有张力、毛囊突出的鸭肉。

鸭肉应放入冰箱冷藏并尽快食用。

鸭肉的烹制

炖煮老鸭时，在锅内放几粒螺蛳肉，可使肉酥烂易熟。

红油鸭块

制作时间 **20分钟**

材料 烤鸭500克，葱、蒜各10克，姜适量

调料 红油25克，生抽8克，香油10克，味精3克

做法

❶ 将烤鸭洗净后，切成块状；蒜、姜去皮后，切成末状；葱切成葱花。

❷ 烤鸭装入盘中，摆好形状，入锅中蒸约15分钟后，取出。

❸ 取一小碗调入红油、生抽、香油、味精、姜、葱、蒜调成味汁，淋于其上即可。

辣拌烤鸭片

制作时间 **15分钟**

材料 烤鸭肉250克，香芹100克，鲜红辣椒10克，大蒜5克

调料 辣椒油、生抽各10克，盐3克，香油适量

做法

❶ 烤鸭肉剔骨后切成片，大蒜切末。

❷ 香芹洗净切斜段，放入沸水中焯熟；鲜红辣椒去蒂、籽洗净切丝放入沸水中略焯，捞出沥干。

❸ 将所有材料盛盘，加入所有调味料拌匀即可。

老醋拌鸭掌

制作时间 20分钟

材料 鸭掌200克，熟花生碎50克，香菜末20克

调料 酱油5克，盐3克，白糖2克，陈醋、香油各适量

做法

① 鸭掌洗净，放入沸水锅中汆水后，捞出沥干水分。

② 所有调味料调匀，加鸭掌拌匀，装盘，撒上花生碎和香菜末即可。

盐水鸭

制作时间 140分钟

材料 鸭肉200克，葱10克，姜5克

调料 盐20克，味精3克，花雕酒10克，胡椒粉2克

做法

① 将鸭肉洗净，用调味料和切成片的姜、葱段腌渍2小时。

② 锅置火上，加入水和盐，烧开后将腌好的鸭煮5分钟，盖上盖浸泡至熟。

③ 再将熟鸭肉取出，斩成块装盘即可。

卤水鸭头

⏰ 制作时间 **65分钟**

材料 鸭头300克

调料 盐、香油各3克，味精、白糖各2克，红卤水500克

做法

①鸭头洗净，放入沸水锅中余去血水，捞出沥干。

②鸭头放红卤水中，加盐、味精、白糖大火烧沸，改慢火卤熟，捞出沥尽汤汁。

③将鸭头从中间剁开，抹上香油即可。

海蜇鸭下巴

⏰ 制作时间 **38分钟**

材料 鸭下巴300克，海蜇200克，葱、姜各5克，香菜8克，蒜少许

调料 八角8克，桂皮3克，花椒、丁香、草果、盐、味精、鱼露、辣椒油各适量

做法

①将鸭下巴放入用调味料制成的卤水中卤25分钟。

②将海蜇放入沸水中稍焯后捞出来，切丝；鸭下巴取出斩件。

③海蜇丝加入辣椒油、盐拌匀，和鸭下巴摆好即可。

卤鸭肠

⏰ 制作时间
15分钟

材料 鸭肠300克，红辣椒10克

调料 精卤水500克，香油适量

做法

①将鸭肠刮洗干净；红辣椒洗净，去蒂、去籽，斜切成片。

②精卤水烧开，放入鸭肠，大火煮开后用小火卤3分钟，捞出晾凉。

③将鸭肠切段，装入盘中，浇少许卤汁，淋上香油，摆上红辣椒片即可。

家常拌鸭脖

⏰ 制作时间
65分钟

材料 卤鸭脖300克，葱、香菜、胡萝卜各30克

调料 酱油5克，味精2克，辣椒粉、胡椒粉、老陈醋各3克，香油适量

做法

①将卤鸭脖切成块；葱洗净，切丝；胡萝卜去皮，洗净，也切成丝；香菜择洗干净，切段，备用。

②所有备好的原材料均装入盘内。

③将所有调味料搅匀，浇在盘中的鸭脖上即可。

鹅肉

◆**食疗作用**：鹅肉性平，味甘，具有暖胃生津、补虚益气、和胃止渴、止咳化痰、祛风湿、防衰老

之功效。鹅肉是理想的高蛋白、低脂肪、低胆固醇、高不饱和脂肪酸的营养健康食品，且肉质鲜嫩松软，清香不腻。

鹅肉的选购与储存

鹅肉应选择肉质饱满光滑、有弹性、表皮干燥的鹅肉。

鹅肉应放入冰箱冷藏并尽快食用。

鹅肉的烹制

切鹅肉时逆着纹路切，可使鹅肉易熟烂。鹅肉鲜嫩松软，清香不腻，以煨汤居多，也可熏、蒸、烤、烧、酱、糟等。

贡菜拌鹅肠

⏰ 制作时间 **30分钟**

材料 鹅肠500克，贡菜100克，姜5克，蒜4克，彩椒少许

调料 辣椒油、麻油各3克，盐、鸡精、食物油各2克，生粉适量

做法

1. 贡菜洗净切条；鹅肠用生粉、盐腌制，切小段；姜去皮切片，蒜切蓉，彩椒去蒂切丝。

2. 锅注入清水上火加热，加入少许食油、姜片，水沸后，下贡菜、鹅肠，氽熟捞出，沥干水分。

3. 调入蒜蓉、盐、鸡精、麻油、辣椒油拌匀，撒上彩椒丝，装盘即可。

汾酒炝鹅肝

⏰ 制作时间 **20分钟**

材料 进口鹅肝250克，黄瓜适量

调料 绍酒、鸡精、香油各10克，汾酒20克，生抽、胡椒粉各5克，盐3克，美极鲜适量

做法

1. 鹅肝洗净，加入绍酒、汾酒，焯水2分钟；黄瓜洗净切片，加少许盐腌渍。

2. 将美极鲜及其他调味料一起搅拌均匀，把鹅肝放入盘中，黄瓜盖于表面。

3. 淋上已调好的调料，即可。

卤水掌翼

⏱ **制作时间**
15分钟

材料 鹅掌250克，鹅翅200克，葱、姜、蒜各5克

调料 八角、老抽各50克，花椒、豆蔻、盐各30克，桂皮60克，丁香15克，草果、甘草各10克，鱼露250克，料酒40克，味精25克，水7500克

做法

① 鹅掌、鹅翅洗净，放入沸水中稍焯后捞出。

② 将所有调味料加水熬2个小时制成卤水，下入鹅掌、鹅翅卤35分钟至熟，捞出。

③ 再将卤好的鹅掌、鹅翅切好装入盘中即可。

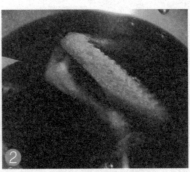

麻辣鹅肠

⏰ 制作时间 **28分钟**

材料 鹅肠300克，红椒10克，葱、蒜各5克

调料 辣椒油、辣椒粉各5克，盐、鸡精各2克，麻油3克

做法

❶ 鹅肠洗净，切成小段，蒜去皮，切末，葱洗净，切段。

❷ 锅上火，注入清水，加少许食油、盐、葱段，待水沸后，放入鹅肠汆熟，捞出，沥干水分，盛入碗中。

❸ 调入盐、鸡精、麻油、辣椒油、蒜末、辣椒粉拌匀，装盘即可。

卤水鹅头

⏱ 制作时间
160分钟

材料 鹅头250克，葱、姜、蒜各5克

调料 八角50克，花椒、豆蔻各30克，桂皮60克，丁香、草果15克，甘草10克，鱼露250克，老抽50克，味精50克，料酒40克，盐30克，水适量

做法

① 将鹅头镊去细毛，放入沸水中稍焯后捞出。

② 将葱、姜、蒜和所有调味料加水熬2个小时制成卤水，下入鹅头卤35分钟至熟，捞出。

③ 再将卤好的鹅头取出，对切，摆入盘中即可。

第4部分
鲜香水产

凉拌菜可根据个人口味选材，或荤或素，也可荤素搭配。制作亦繁简由人，可即拌即吃，也可多做些，供多餐享用。凉拌菜少不了水产海鲜，这符合现代人要求油脂少、天然养分多的健康概念，男女老幼都适合食用。本章将为大家介绍凉拌水产菜的制作方法，使您在最短的时间内学会凉拌水产菜。

沙丁鱼

购买时应选择鱼体光滑干净、无病斑、无鱼鳞脱落，鱼眼球饱满突出且明亮，个大，肉厚的沙丁鱼。

将沙丁鱼处理干净后应放入冰箱冷冻并尽快食用。

◆**食疗作用**：沙丁鱼含有丰富的EPA（二十碳五烯酸）和DHA（二十二碳六烯酸），被称为"聪明食品"。沙丁鱼具有消肿祛淤、提高智力、增强记忆力、降低胆固醇、降低血液黏稠度的功效。

沙丁鱼的烹制

在烹制沙丁鱼时，可先将其用盐腌一下，然后再放入啤酒里煮30分钟，可祛除沙丁鱼的腥臭味。可鲜食，用于清蒸、红烧、煎炸等烹饪技法中，也可干制、盐制或熏制，亦可浓煮成鱼粉或鱼油。

香辣沙丁鱼

⏰ 制作时间 **45分钟**

材料　沙丁鱼300克，姜20克，葱10克，蒜头50克

调料　盐5克，味精3克，红油20克

做法

① 将沙丁鱼去头、去内脏后，洗净；葱洗净切末；蒜头洗净剁成蓉；姜切成末。

② 锅上火，加油烧至八成热，下入沙丁鱼炸至金黄色，捞出。

③ 再将沙丁鱼与葱、蒜蓉、姜末、盐、味精入锅炒匀后盛出，放入红油中泡30分钟左右即可。

红油沙丁鱼

⏰ 制作时间 **15分钟**

材料　沙丁鱼300克

调料　盐、味精、醋、老抽、红油各适量

做法

① 沙丁鱼治净，切去头部。

② 炒锅置于火上，注油烧热，放入沙丁鱼炸熟后，捞起沥干油并装入盘中。

③ 将盐、味精、醋、老抽、红油调成汁，浇在沙丁鱼上面即可。

鱿鱼

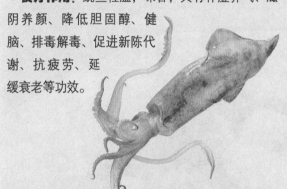

◆ **食疗作用**：鱿鱼性温，味甘，具有补虚养气、滋阴养颜、降低胆固醇、健脑、排毒解毒、促进新陈代谢、抗疲劳、延缓衰老等功效。

鱿鱼的选购与储存

鲜鱿鱼应选择体形完整坚实、呈粉红色、有光泽、体表面略现白霜、肉肥厚、背部不红者；干鱿鱼以身干、坚实、肉肥厚、呈鲜艳的浅粉色、体表略现白霜者为上品。

将鲜鱿鱼处理干净后用保鲜膜包好放入冰箱冷冻，干鱿鱼应放在通风、阴凉、干燥处保存。

鱿鱼的烹制

先将鲜鱿鱼在白醋水中浸泡10分钟，取出用刀在其背部中间划一个"十"字，一手捏住鱿鱼头，一手从十字处进行剥皮，可轻易剥除。鱿鱼可爆炒、烧食、烤食等。

鱿鱼三丝

⏰ 制作时间 **12分钟**

材料 鱿鱼120克，洋葱100克，辣椒70克
调料 盐、味精各4克，红油、生抽各10克

做法

① 鱿鱼洗净，切成丝，入开水中烫熟。洋葱洗净，切成丝，放入开水中烫熟。辣椒洗净，切成丝。

② 油锅烧热，放入辣椒爆香，放盐、味精、红油、生抽炒香，制成味汁。

③ 将味汁淋在上洋葱、鱿鱼上，拌匀即可。

五彩银针鱿鱼丝

⏰ 制作时间 **15分钟**

材料 鲜木耳、豆芽、黄瓜丝、红椒丝、鱿鱼各适量
调料 盐、味精各3克，香油10克

做法

① 木耳洗净，切丝，与豆芽、黄瓜丝、红椒丝分别焯水后捞出；鱿鱼洗净，切丝，余水后捞出。

② 将备好的材料同拌，调入盐、味精拌匀。淋入香油即可。

心有千千结

 制作时间
10分钟

材料 芥菜120克，鱿鱼150克，红辣椒丝适量

调料 红辣椒酱10克，醋、糖、松仁粉各适量

做法

① 芥菜去叶，洗净，将芥菜梗在沸腾的盐水中焯好后，用冷水冲洗。

② 鱿鱼去皮，在鱿鱼肉上刻网状的痕，然后将鱿鱼切丝，在沸腾的盐水中氽熟。将各种调味酱拌在一起，制成鲜辣酱。

③ 将红辣椒丝放在鱿鱼中，然后用焯过水的芥菜梗将鱿鱼绑成结，用红辣椒酱做蘸酱。

酸辣鱿鱼卷

制作时间
15分钟

材料 鱿鱼400克，大蒜10克，红辣椒、葱、姜各5克

调料 糖、白醋、酱油、香油各5克

做法

①鱿鱼洗净，去除外膜，先切交叉刀纹，再切片，放入滚水中汆烫至熟，捞出沥干。

②姜去皮洗净，大蒜去皮，红辣椒去蒂洗净，全部切末后放入小碗中，加入调味料拌均匀，做成五味酱备用。

③将鱿鱼卷盛入盘中，淋上五味酱，即可上桌。

卤水冻鲜鱿

制作时间
315分钟

材料 鲜鱿鱼300克

调料 果皮、桂皮、丁香、八角各适量，生姜、葱段各1克，盐、鸡精各3克，辣椒油、日本芥辣、酱油、胡椒粉、香油各5克，花雕酒3克

做法

①锅上火，油烧热，放鱿鱼、果皮、桂皮、丁香、八角、生姜、葱段，加入盐、鸡精、花雕酒炒香，放适量清水，煲沸后，将鱿鱼捞出。

②将锅中卤水盛入碗里，待凉后，放入冰箱中，待冰镇后，放入鱿鱼，继续浸泡约5小时。

③将鱿鱼捞出，切成圈，放鸡精、盐、辣椒油、酱油、胡椒粉、香油、日本芥辣拌匀装盘即可。

鱼皮

◆**食疗作用**：鱼皮味甘咸、性平；具滋补功效。鱼皮含有丰富的蛋白质和多种微量元素，其蛋白质主要是大分子的胶原蛋白及粘多糖的成分，是女士养颜护肤美容保健佳品。

鱼皮的选购

鱼皮的质量优劣鉴别方法，主要是观察鱼皮内外表面的净度、色泽和鱼皮的厚度等。

鱼皮内表面：通称无沙的一面，无残肉、无残血、无污物、无破洞，鱼皮透明，皮质厚实，色泽白，不带咸味的为上品。如果色泽灰暗，带有咸味，则为次品，因泡发时不易发涨。如果色泽发红，即已变质腐烂，称为油皮，不能食用。

鱼皮外表面：通称带沙的一面，色泽灰黄、青黑或纯黑，富有光润的鱼皮，表面上的沙易于清除，这种皮质量最好。如果鱼皮表面呈花斑状的，沙粒难于清除，质量较差。

芥味鱼皮

⏰ 制作时间 **10分钟**

材料 鱼皮300克，芥末20克，红椒适量

调料 盐3克，醋8克，老抽10克，香菜少许

做法

① 鱼皮洗净，切丝；红椒洗净，切丝，用沸水焯一下；香菜洗净。

② 锅内注水烧沸，放入鱼皮氽熟后，捞起沥干装入盘中，再放入红椒。

③ 向盘中加入盐、醋、老抽、芥末拌匀，撒上香菜即可。

三色鱼皮

⏰ 制作时间 **12分钟**

材料 鱼皮350克，红椒少许

调料 盐、味精各3克，香菜段、香油各适量

做法

① 鱼皮洗净，切丝，入沸水氽熟后捞出。

② 红椒洗净，切丝，焯水后取出；香菜洗净。

③ 将鱼皮、香菜、红椒同拌，调入盐、味精搅拌均匀。

④ 淋入香油即可。

银芽拌鱼皮

⏱ **制作时间** **15分钟**

材料 银芽100克，鲩鱼皮50克，青红椒丝、香菜末各少许，蒜蓉10克，葱花5克

调料 盐、鸡精各2克，辣椒油5克，麻油3克，味精2克

做法

①银芽洗净，择掉头尾；鲩鱼皮洗净切片。

②锅上火，注入适量清水，加入盐、味精，烧沸后下银芽、鲩鱼皮，焯熟捞出，放入冰水中浸3分钟后捞出沥干，盛碗。

③调入蒜蓉、葱花、青、红椒丝、盐、鸡精、辣椒油、麻油拌匀，装盘，撒上香菜末即可。

萝卜丝拌鱼皮

⏱ **制作时间** **12分钟**

材料 鱼皮100克，胡萝卜200克

调料 盐3克，味精1克，醋8克，生抽10克，香菜少许

做法

①鱼皮洗净，切丝；香菜洗净；胡萝卜洗净，切成细丝。

②锅内注水烧沸，放入鱼皮氽熟后，捞出沥干与胡萝卜一起装入碗中。

③向碗中加入盐、味精、醋、生抽拌匀后，撒上香菜，再倒入盘中即可。

麻辣鱼皮

制作时间
13分钟

材料 鱼皮250克，葱20克，蒜2克

调料 盐5克，味精3克，麻辣油适量

做法

① 鱼皮洗净，切成小段。

② 葱洗净切粒。

③ 蒜剁成蓉。

④ 锅置上火，加水烧沸，放入鱼皮稍氽后，捞出沥水。

⑤ 将鱼皮装入碗内，加入葱段、蒜蓉和其他调味料拌匀即可。

开心鱼皮

制作时间
10分钟

材料 鲩鱼皮100克，姜蓉3克，蒜蓉、香菜、香芹、熟芝麻各2克

调料 盐3克，味精2克，白糖、陈醋各1克，酱油、芝麻油、花椒油、红油各2克

做法

① 把鱼皮用斜刀切成小段，放入沸水氽一下，捞出晾凉；香菜、香芹切碎。

② 把鱼皮放入盆中，放入盐、味精、白糖、陈醋、酱油、芝麻油、花椒油、红油、姜蓉、蒜蓉、香菜末、香芹末。

③ 拌匀装盘，再撒上芝麻即可。

虾

◆ **食疗作用**: 虾性温,味甘、咸,具有补肾壮阳、通乳、益脾胃之作用。

虾的选购与储存

购买时应选择虾体完整、甲壳密集、外壳清晰鲜明、肌肉紧实、身体有弹性、体表干燥洁净、无异味的虾。

将虾的沙肠挑出,剥除虾壳,撒上少许酒,控干水分,放入冰箱冷冻保存。

虾的烹制

虾可煮食、炒食、蒸食等。烹饪虾之前,先用泡桂皮的沸水把虾冲烫一下,可使味道更鲜美。

剥虾皮

把虾放在冰箱里冻几分钟,再拿来出来剥就很容易保持虾仁的完整性了。注意冻的时间不能过长,否则虾的味道就不鲜美了。

卤水花雕虾 ⏰制作时间 18分钟

材料 河虾300克,姜片、葱白各10克

调料 果皮、桂皮、丁香、鸡精各2克,八角6克,花雕酒8克,食油20克,盐4克

做法

1. 油锅烧热,放姜片、葱白、八角、果皮、桂皮、丁香爆香后,加适量清水,煮沸成味汁,待用。

2. 河虾治净,入沸水中汆熟,装盘。

3. 将味汁淋入盘中,拌匀即可食用。

韭菜薹拌虾仁 ⏰制作时间 13分钟

材料 韭菜薹150克,虾200克,蒜5克

调料 盐5克,味精3克

做法

1. 将韭菜薹洗净切成段,焯熟。

2. 虾取虾仁汆水备用。

3. 蒜去皮,剁成蓉。

4. 沥干韭菜薹段和虾仁的水分。

5. 将韭菜薹段和虾仁一起装入碗内,放入调味料拌匀即可。

拌虾米

 制作时间 12分钟

材料 虾米100克，红椒20克，西芹适量

调料 姜10克，盐5克，鸡精2克，葱10克

做法

① 将红椒洗净去蒂去籽，切小片焯水备用；姜去皮

洗净切片；葱洗净切圈；西芹洗净切丁；虾米洗净。

② 锅加热，放入虾米炒香后，取出装碗。

③ 在虾米碗内加入红椒片、姜片、葱、西芹及其余

调味料，一起拌匀即可。

龙虾刺身

⏰ 制作时间
13分钟

材料 龙虾120克，碎冰适量

调料 日本酱油、芥辣各适量

做法

① 将碎冰放入盘中制成冰盘。

② 将龙虾宰杀洗净，挖出虾肉。

③ 将虾肉切成片后，摆入冰盆中。

④ 取一味碟，调入日本酱油、芥辣拌匀，放置冰盆旁边，待蘸用即可。

小贴士 ❀ 选购龙虾时，很多人喜欢区分雌雄龙虾。若龙虾胸前第一对爪的末端呈开叉状，则是雌性龙虾；若爪部末端是"单爪"，呈并列开叉状，则是雄龙虾。

鲜虾刺身

⏰ 制作时间
11分钟

材料 基围虾250克，冰块适量

调料 日本酱油、芥辣各适量

做法

① 冰块打碎，放入盘中制成冰盘。

② 基围虾去头、壳，从中间剖开去掉虾肠，洗净。

③ 将虾排列整齐放在冰盘中，调入芥辣、日本酱油，再稍加装饰即可。

泥鳅

◆ **食疗作用：**泥鳅肉质鲜美，营养丰富，是高蛋白、低脂肪、低胆固醇的食物，并具有药用价值，是人们所喜爱的水产佳品，被称为"水中人参"。泥鳅性平，味甘，具有暖脾胃、祛湿、通便、壮阳、止虚汗、补中益气、降血糖、强精补血、抗菌消炎之功效。

泥鳅的选购与储存

购买时应选择鲜活、无异味的泥鳅。
泥鳅应放入冰箱冷藏并尽快食用。

泥鳅的烹制

做回锅泥鳅时，把炖熟的泥鳅和汤分开放置。将油倒入炒勺中烧热，放入泥鳅煎片刻，再放入盐、酱油等调味料，再将汤倒入勺内，烧开后食用，此方法别有风味，可使泥鳅鲜美异常。

植物油让泥鳅吐泥

泥鳅在清洗前，必须让其全部吐出腹中的泥。将泥鳅放入滴有几滴植物油或放有一两个辣椒的水中，泥鳅就会很快吐出腹中的泥。

炝拌泥鳅

⏱ **制作时间** 14分钟

材料 泥鳅250克，蒜10克，芝麻3克，辣椒粉、青椒、红油各5克，面粉适量

调料 盐2克，色拉油5克，味精、糖各适量

做法

① 泥鳅洗净，均匀抹上面粉，在烧至七成油温的锅中炸酥，捞出沥干油分。

② 将其他原材料切成末，调味料搅成糊状。

③ 将调好的原材料、调味料和炸好的泥鳅拌匀即可。

辣子泥鳅

⏱ **制作时间** 13分钟

材料 泥鳅200克，干辣椒15克，面粉适量

调料 盐3克，料酒、鸡精各适量

做法

① 干辣椒切段；泥鳅洗净，用盐、料酒腌5分钟后裹上面粉。

② 油锅烧热，泥鳅入锅炸至快熟捞出装盘。

③ 干辣椒下锅爆香，加鸡精调味，倒入盘中拌匀即可。

海参

◆ **食疗作用**：海参性温，味甘、咸，具有补肾益精、滋阴润燥、养血止血、养颜乌发、促进钙质吸收、调节血糖和血脂、提高记忆力和人体免疫力等作用。

海参的选购与储存

应选择呈黑褐色、鲜亮、半透明状、内外膨胀均匀呈圆形状、肉质厚、体型大、内部无硬心、肉刺完整且排列均匀、有弹性、表面略干的海参。

鲜品应加冷水和冰块放入冰箱冷藏，每天换水加冰一次，应尽快食用，最多可保存三日；干品应放置在干燥、阴凉、通风处密封保存，也可放入冰箱冷藏。

海参的烹制

泡发海参时，先将其用水浸泡一天，捞出放入保温瓶，倒入热水，盖上瓶盖再浸泡一天即可。将泡发好的海参切成所需形状，以每5000克海参配250克醋和500克开水的比例调配，搅匀，浸泡30分钟，随后将海参放入自来水中，浸泡2~3小时，可除去海参的酸味和苦涩味。

凉拌海参

⏱ 制作时间 **12分钟**

材料 海参150克

调料 盐3克，醋15克，老抽10克，大蒜适量，葱少许

做法

① 海参洗净，切条；大蒜洗净，切成蒜蓉；葱洗净，切花。

② 锅内注水烧沸，放入海参氽熟后，捞出晾干。

③ 加盐、醋、老抽充分拌匀后，撒上蒜蓉、葱花即可。

北海太子参

⏱ 制作时间 **11分钟**

材料 太子参150克，葱、姜、蒜、香菜各5克

调料 麻油、辣椒油、花椒油、盐各5克，味精3克，鸡精2克

做法

① 将太子参洗净切成块状；葱、姜、蒜切末；香菜洗净，切末。

② 锅中加水烧沸后，放入太子参稍焯后捞出。

③ 将葱、姜、蒜、香菜末和所有调味料一起加入太子参中拌匀即可。

田螺

◆ **食疗作用**：田螺肉质细嫩，味道鲜美，是典型的高蛋白、低脂肪、高钙的天然保健食品。田螺性寒，味甘，无毒，具有清热、明目、解暑、止渴、醒酒、利尿等功效。

螺的选购与储存

购买时应选择个大、体圆、壳薄、掩盖完整收缩且轻压有弹性，螺壳呈淡青色，壳无破损、无肉溢出的田螺。

田螺应放入冰箱冷藏并尽快食用。

拌田螺肉

⏱ **制作时间** 20分钟

材料 田螺肉500克，葱10克，姜5克

调料 盐5克，味精2克，绍酒、米醋、胡椒粉、红油、香油各适量

做法

① 葱用刀背敲扁切成段。姜切成片。

② 锅上火放入适量清水，加入盐、绍酒、葱段、姜片，放入田螺肉煮熟，捞出沥干盛入碗里，除去葱、姜。

③ 再将葱、姜切末，放在田螺肉碗内，加入味精、香油、红油、米醋、胡椒粉，拌匀。

香葱拌螺片

⏱ **制作时间** 15分钟

材料 螺肉150克，葱80克，红椒少许

调料 盐、味精各3克，香油、生抽各10克

做法

① 葱洗净，切成段，入水焯一下。

② 螺肉洗净，切成小片，氽熟。

③ 红椒洗净，切成片。

④ 盐、味精、香油、生抽调匀，制成味汁。

⑤ 将味汁淋在葱、螺片上，拌匀，撒上红椒即可。

拌海螺

⏰ 制作时间
13分钟

材料 海螺400克，青红椒圈适量

调料 盐、味精各3克，香油、陈醋各20克，香菜段适量

做法

① 海螺取肉洗净，切片，入开水中汆熟，捞起控水；青红椒圈焯水后取出。

② 将盐、味精、香油、陈醋加适量清水烧开成味汁。

③ 海螺、香菜、青红椒同拌，淋上味汁即可。

海螺拉皮

⏰ 制作时间
14分钟

材料 海螺100克，拉皮200克，黄瓜、红椒、黄椒、豆皮各50克，熟芝麻、香菜各少许

调料 盐、味精各2克，醋、生抽各10克

做法

① 海螺洗净；黄瓜、红椒、黄椒、豆皮洗净，均切丝；拉皮洗净，切条；香菜洗净。

② 拉皮焯熟，捞起装盘后分别放入汆熟的海螺、黄椒、豆皮、红椒，用调味料调成汁，浇在上面，撒上熟芝麻、香菜即可。

冰镇油螺

⏰ 制作时间
13分钟

材料 油螺肉350克，熟芝麻适量

调料 盐3克，味精1克，醋10克，生抽12克，红油少许

做法

① 油螺肉洗净，切成薄片。

② 锅内注水烧沸，放入油螺汆熟后，捞出沥干并装入盘中。

③ 加入盐、味精、醋、生抽、红油、熟芝麻拌匀。

④ 再放入冰箱冰镇后取出即可。

海蜇

◆**食疗作用**：海蜇性平，味咸，具有清热解毒、化痰软坚、降压消肿、平肝、润肠、降低血压。

海蜇的选购与储存

海蜇皮应选择呈白色或浅黄色、有光泽、呈自然圆形、片大平整、无红衣、无杂色、

无黑斑、肉质厚实均匀且有韧性、无腥臭味者；海蜇头应选择呈白色、黄褐色或红琥珀色等自然色泽，有光泽，外形完整，无蜇须，肉质厚实有韧性者。

将海蜇用盐腌制放在坛子中密封保存。

海蜇的烹制

将海蜇凉拌食用时，烹饪前应将其先投入沸水中略煮，捞出沥干水分后立即倒入冰水中，可以使其口感更加爽脆。

黄花菜拌海蜇 ⏰**制作时间** 10分钟

材料 海蜇200克，黄花菜100克，黄瓜适量

调料 盐3克，味精1克，醋8克，生抽10克，香油15克，红椒少许

做法

①黄花菜、海蜇、红椒均洗净，切丝；黄瓜洗净，切片。

②锅内注水烧沸，分别放入海蜇、黄花菜烫熟后，捞出沥干，放凉装碗，再放入红椒丝。

③向碗中加入盐、味精、醋、生抽、香油拌匀后，再倒入盘中即可。

凉拌海蜇 ⏰**制作时间** 15分钟

材料 海蜇皮200克，青红椒丝少许

调料 盐、味精、鸡精、麻油、辣椒油、芝麻、醋各适量

做法

①将海蜇皮切成丝。

②海蜇皮和青红椒一起过水，加入醋，腌10分钟。

③加入所有调味料拌匀即可。

小贴士✿将海蜇皮放入5％的食盐水中浸泡一会儿，再用淘米水清洗，最后用清水洗净，即可除去海蜇皮上的泥沙。

豆瓣海蜇头

⏰ 制作时间 **14分钟**

材料 海蜇头200克，蚕豆100克

调料 盐3克，味精1克，醋8克，生抽10克，红椒少许

做法

1 蚕豆洗净，用水浸泡待用。海蜇头洗净，切片。红椒洗净，切片。

2 锅内注水烧沸，分别放入海蜇头、蚕豆、红椒焯熟后，捞起沥干，放凉并装入盘中。

3 加入盐、味精、醋、生抽拌匀即可。

凉拌海蜇丝

⏰ 制作时间 **9分钟**

材料 海蜇200克，熟芝麻、红椒丝各少许

调料 盐3克，味精1克，醋8克，生抽10克，香油适量

做法

1 海蜇洗净，切丝；红椒洗净，切丝。

2 锅内注水烧沸，放入海蜇氽熟后，捞出沥干，放凉并装入碗中。

3 向碗中加入盐、味精、醋、生抽、香油拌匀后，撒上熟芝麻与红椒丝，再倒入盘中即可。

巧拌蜇头

⏰ 制作时间 **13分钟**

材料 海蜇头200克，黄瓜50克

调料 盐、味精、醋、生抽、红油、红椒各适量

做法

① 黄瓜洗净，切片，摆盘；海蜇头洗净，切片；红椒洗净，切片，焯水。

② 海蜇头入锅氽熟，捞起沥干放凉并装入碗中，再放入红椒。

③ 向碗中加入盐、味精、醋、生抽、红油拌匀，再倒入排有黄瓜的盘中即可。

五香海蜇皮

⏰ 制作时间 **19分钟**

材料 海蜇500克，香菜、葱各20克，辣椒10克

调料 盐、鸡精、酱油各3克，五香粉5克，炸熟的蒜蓉适量

做法

① 海蜇取皮用凉水冲洗约10分钟；葱段、少许糖放入水锅，待水开后关火，放入海蜇皮至变形捞出，用冰水泡3分钟后切丝。

② 葱洗净切丝；香菜留梗切段。

③ 将所有的原材料装碗，调入盐、鸡精、酱油、蒜蓉、五香粉拌匀，即可。

蜇头拌黄瓜

⏱ 制作时间 **12分钟**

材料 海蜇头200克，黄瓜100克

调料 盐3克，醋15克，生抽10克，青椒少许，红椒适量

做法

1. 黄瓜洗净，切成花状，排于盘中；海蜇头洗净；青椒洗净，切丝；红椒洗净，切斜段。

2. 锅内注水烧沸，放入海蜇头氽熟后，捞起沥干放凉，并装入碗中，再放入青、红椒。

3. 向碗中加入盐、醋、生抽拌匀，倒入排有黄瓜的盘中即可。

凉拌海蜇萝卜丝

⏱ 制作时间 **12分钟**

材料 海蜇、白萝卜各250克

调料 香油20克，盐、味精各3克

做法

1. 海蜇、白萝卜分别洗净，然后切丝。

2. 水烧开，分别将萝卜丝、海蜇丝放进开水中氽熟，捞起控干水，放凉装盘。

3. 将香油、盐和味精调好，与萝卜、海蜇丝拌匀即可。

生菜海蜇头

⏰ 制作时间 **10分钟**

材料 海蜇头200克，生菜适量

调料 白醋50克，麻油10克，生抽、陈醋各50克

做法

① 海蜇头用清水冲去盐味，洗净切成薄片备用。

② 取船形盘一个，用生菜叶2片垫底，装入切好的海蜇头。

③ 取小口碗一个，放入生抽、麻油、白醋、陈醋调匀即可。

④ 将调好的味汁淋入盘中即可。

酸辣海蜇

⏰ 制作时间 **10分钟**

材料 海蜇头300克，泡包菜80克

调料 香菜段20克，盐3克，香油、白糖各5克，白醋、辣椒粉各10克

做法

① 海蜇治净，切丝，用开水烫一下，过凉捞出控水。

② 泡包菜切丝。

③ 将海蜇丝、包菜丝加盐、香油、白糖、白醋、辣椒粉拌匀，撒上香菜即可。

鸡丝海蜇

制作时间 **75分钟**

材料 鸡肉200克，海蜇100克，香菜20克，红椒10克，葱、姜各5克

调料 盐、麻油各5克，味精、鸡精各3克，辣椒油10克

做法

① 将鸡肉放入水中煮熟后，捞出撕成丝，加入盐、味精、鸡精拌匀。

② 将海蜇丝放入沸水中汆水后，捞出放入清水中泡1个小时左右，用香菜梗、葱花、姜丝、辣椒油、麻油拌匀。

③ 再将鸡丝放置在海蜇丝上摆好即可。

港式海蜇头

制作时间 **14分钟**

材料 黄瓜50克，海蜇头200克，紫包菜少许

调料 盐3克，味精1克，醋6克，生抽10克，红椒少许

做法

① 黄瓜洗净，切块；海蜇头洗净，紫包菜洗净，切成小片；红椒洗净，切片。

② 锅内注水烧沸，放入海蜇头、紫包菜、红椒焯熟后，捞起沥干，放凉并装入盘中，再放入黄瓜。

③ 加入盐、味精、醋、生抽拌匀即可。

蒜香海蜇丝

⏰ 制作时间 **28分钟**

材料 海蜇300克,黄瓜100克

调料 蒜泥15克,香油25克,盐3克,味精、鸡精各2克,醋8克

做法

① 海蜇泡入冷开水中约20分钟,取出洗净,切成丝,装入盘中。

② 黄瓜洗净,切成丝后放入装有海蜇丝的盘中。

③ 调入蒜泥、香油、盐、味精、鸡精、醋,拌匀即可食用。

陈醋蜇头

⏰ 制作时间 **10分钟**

材料 海蜇头300克

调料 陈醋30克,盐2克,味精1克,老抽15克,红椒少许

做法

① 海蜇头治净;红椒洗净,切圈。

② 锅内注水烧沸,放入海蜇头焯熟后,捞出沥干放凉,装入盘中。

③ 用陈醋、盐、味精、老抽调成汁,浇在海蜇上,撒上红椒圈即可。

金枪鱼

◆ **食疗作用**：金枪鱼具有补虚壮阳、除风湿、强筋骨、调节血糖、美容减肥、保护肝脏、降低胆固醇、促进新陈代谢等作用。

金枪鱼的选购与储存

金枪鱼常以鱼块和鱼片的形式出售，应选择不发干且肉质坚实的金枪鱼。

应用保鲜膜包好放入冰箱，冷藏可保存6天，冷冻不能超过5个月。

金枪鱼的烹制

烹饪前先将金枪鱼放入淡盐水中浸泡几个小时，以祛除金枪鱼特有的浓烈味道。切金枪鱼时用拇指和食指压住鱼块，斜向切入，可切成较大的断面，防止鱼肉碎裂。

金枪鱼背刺身

⏰ 制作时间 **10分钟**

材料 金枪鱼背140克，柠檬角10克，海草、青瓜丝、萝卜丝、冰块各适量

调料 芥辣、豉油各适量

做法

① 将冰块打碎装盘。

② 盘内摆上花草装饰。

③ 金枪鱼背洗净，切成9片。

④ 用海草、青瓜丝、萝卜丝垫底，再摆上金枪鱼背。

⑤ 放入柠檬角、芥辣和豉油即可。

半生金枪鱼刺身

⏰ 制作时间 **15分钟**

材料 金枪鱼背150克，青瓜丝50克，萝卜丝50克，大叶1张，葱丝10克，冰块适量

调料 味椒盐2克，黑椒粉1克，芥辣、鱼生豉油、酸汁各适量

做法

① 将金枪鱼肉撒上味椒盐、黑椒粉腌渍入味。

② 锅中放油烧热，放入腌好的金枪鱼肉煎熟表面，入冰柜冷冻。

③ 冰块打碎装盘，摆入大叶、青瓜丝、萝卜丝，再摆入金枪鱼肉，调入芥辣、鱼生豉油即可。

三文鱼

◆**食疗作用**：三文鱼性平，味甘，具有补虚劳、健脾胃、暖胃和中、润肤防皱、降低血脂、降低胆固醇、健脑之功效。

三文鱼的选购与储存

应选择鱼鳞呈鲜银色、无脱落，鱼皮黑白分明，鱼鳃鲜红，鱼肉呈鲜艳的橙红色，肉质结实有弹性的三文鱼。将三文鱼切成小块，用保鲜膜封好，放入冰箱中冷冻。

三文鱼的烹制

三文鱼可生食、腌制、烧食、烤食、炖食、蒸食、煎食等。在烹饪时只需烹至八成熟即可，这样既可保证其肉质鲜嫩，又能祛除腥味。

三文鱼活做

🕐 制作时间 **13分钟**

材料 三文鱼400克，柠檬角25克，大叶10克，萝卜丝、青瓜丝、柠檬片、海草各20克，冰块适量

调料 芥辣、鱼生豉油各适量

做法

① 冰块打碎，装入盘中。

② 三文鱼宰杀放血，去骨去皮，萝卜丝、青瓜丝、柠檬片、海草、大叶铺在冰上。

③ 鱼肉吸干水分，切片，摆在冰盘内，调入柠檬角、芥辣、鱼生豉油即可。

日式三文鱼刺身

🕐 制作时间 **10分钟**

材料 三文鱼500克，冰块适量

调料 日本酱油、芥辣各适量

做法

① 将冰块打碎，放入盘中制成冰盘。

② 将三文鱼去鳞、骨和皮，取肉洗净切片，摆入冰盘。

③ 调入日本酱油和芥辣，再加以装饰即可。

小贴士 ✿ 三文鱼腹部是甜度最佳的部位，外观呈橘红色，肉质鲜美细嫩，即可生吃，又能烹饪菜肴，深受人们喜爱。

紫苏三文鱼刺身

制作时间 **12分钟**

材料 三文鱼400克，紫苏叶2片，白萝卜15克，冰块适量

调料 酱油、芥辣、寿司、姜各适量

做法

1 三文鱼治净，取肉切片。

2 紫苏叶洗净，擦干水分。

3 白萝卜去皮，洗净，切成细丝。

4 将冰块打碎，撒上白萝卜丝，铺上紫苏叶，再摆上三文鱼。

5 将调味料混合成味汁，食用时蘸味汁即可。

三文鱼腩刺身

制作时间 **8分钟**

材料 三文鱼腩500克，碎冰适量

调料 日本芥辣、酱油各适量

做法

1 将三文鱼腩洗净剥去皮，拆去骨后，切成厚薄均匀的片。

2 将冰盆装饰好后，摆入三文鱼片。

3 将日本酱油与芥辣调成味汁后，与装有三文鱼片的冰盆一同上桌，供蘸食即可。

北极贝

◆**食疗作用**：北极贝对人体有着良好的保健功效，有滋阴平阳、养胃健脾等作用，是上等的很好的食品和药材。它在几十米深的海底生长，很难受到污染，肉质肥美，含有丰富的蛋白质和不饱和脂肪酸，脂肪含量低，富含铁质并且可以抑制胆固醇。

北极贝的选购与储存

选购北极贝时应留意盛载的容器及养水是否清洁卫生，选择新鲜的、无异味和外壳完整的贝类，尽量在正规超市购买。

生鲜贝类或冷冻食品，如果不妥善处理保存，很容易变质、腐败，所以，北极贝购买回家后，应尽速放入冰箱中储存。

北极贝的烹制

北极贝主要用于制作刺身，拿出来解冻一小时即可食用。不能用水或者微波炉解冻，只能自然解冻。

柠檬北极贝刺身 ⏰ 制作时间 10分钟

材料 北极贝130克，柠檬角10克，海草、萝卜丝、青瓜丝、冰块各适量

调料 芥辣、豉油各适量

做法

①冰块打碎，装盘备用。

②北极贝洗净切片，海草、萝卜丝、青瓜丝摆在冰上，放上北极贝片。

③放入柠檬角、芥辣和豉油，稍加装饰即可。

芥辣北极贝刺身 ⏰ 制作时间 12分钟

材料 北极贝200克，紫苏叶2片，白萝卜5克，冰块适量

调料 酱油、芥辣、寿司、姜各适量

做法

①北极贝解冻，切片；紫苏叶洗净，擦干水分；白萝卜去皮，洗净，切成细丝。

②将冰块打碎，撒上白萝卜丝，铺上紫苏叶，再摆上北极贝。

③将调味料混合成味汁，食用时蘸味汁即可。

第5部分

营养沙拉

沙拉是用各种凉透的熟料或是可以直接食用的生料加入调味品或浇上各种冷调味汁拌制而成的。沙拉的原料选择范围很广，各种蔬菜、水果、海鲜、禽蛋、肉类等均可。沙拉大都具有色泽鲜艳、外形美观、鲜嫩爽口、解腻开胃的特点。沙拉的原料新鲜细嫩，是美味又营养且做法简单的美食。

蔬果

◆**食疗作用**：蔬果是人们膳食中食物构成的主要组成部分，它们富含人体所必需的维生素、无机盐和膳食纤维，含蛋白质和脂肪很少。由于蔬果中含有各种有机酸、芳香物质和红、绿、黄、蓝、紫等色素，人们可以烹调出口味各异、花样繁多的佳肴，对增加食欲，促进消化具有重要意义。

用盐水清洗瓜果

为了去除瓜果表皮的寄生虫卵、某些病菌或残存的农药，在瓜果食用前，可先将瓜果放入盐水中浸泡 20 ~ 30 分钟。

水煮法洗水果

一些外壳、外皮耐温坚硬的水果，在热水中煮约 1 分钟，即可除去其表面 90% 以上的农药。将不易洗净的瓜果先用刷子刷洗，再用沸水煮，效果也不错。

剥橙子皮

剥橙子皮时往往需拿刀切成 4 瓣，可这样会让橙子的汁损失掉。可将橙子放在桌上，用手掌揉，或是用两个手掌一起揉，1 分钟左右之后，皮就好剥了。

鲜蔬沙拉

⏰ 制作时间 7分钟

材料 温室彩椒20克，小黄瓜100克，球生菜20克，温室西红柿、熟鸡蛋各80克

调料 沙拉酱150克，白醋10克

做法

1. 将所有原材料洗净，改刀装盘。
2. 将沙拉酱、白醋拌匀，备用。
3. 将拌匀的调味料盖在原材料上即可。

果蔬沙拉

⏰ 制作时间 7分钟

材料 圣女果、菠萝、黄瓜、梨、生菜各适量

调料 沙拉酱适量

做法

1. 生菜洗净，放在碗底；梨、黄瓜洗净，去皮，切成小圆段；菠萝去皮，洗净，切成块；圣女果洗净，对切备用。
2. 将所有的原材料放入碗中，淋上沙拉酱即可。

带子肉果蔬沙拉  ⏲制作时间10分钟

材料 带子肉300克，芥蓝、芒果各150克，青、红甜椒各50克

调料 盐、姜、沙拉酱各适量

做法

①青、红甜椒洗净，切块；芥蓝、芒果去皮，切丁；带子肉洗净备用。

②青、红甜椒及芥蓝放入开水中稍烫，捞出。带子肉放入清水锅，加盐、姜煮好，捞出。

③将备好的原材料放入盘中，食用时蘸取沙拉酱即可。

鲜果沙拉 ⏲制作时间5分钟

材料 哈密瓜50克，苹果50克，雪梨50克，火龙果25克，橙子25克，西瓜25克，西红柿4只

调料 沙拉酱适量

做法

①将所有原材料洗净，改刀装盘。

②将沙拉酱、白醋拌匀，备用。

③将拌匀的沙拉酱盖在原材料上即可。

小贴士❀在沙拉酱内加少许冰块，盖上瓶盖，摇匀后舀出冰块，再将沙拉酱拌入食物，口感会更滑。

菠萝沙拉 ⏲制作时间5分钟

材料 菠萝400克，芒果120克，苹果150克，柠檬、橙子各50克

调料 沙拉酱100克

做法

①先将菠萝开个口，取肉。

②将橙子、芒果切成丁。

③将苹果先削去皮后，再切成丁；柠檬切片。

④将沙拉酱和原材料搅拌均匀，倒在菠萝肚内即可。

果丁酿彩椒

⏰ 制作时间
12分钟

材料 彩椒20克，苹果80克，橙子、芒果各70克，奇异果50克

调料 沙拉酱50克，茄汁50克

做法

❶ 彩椒横腰切开，去籽雕花备用，所有水果切细丁。

❷ 取一个碗，倒入茄汁和沙拉酱拌匀备用。

❸ 将切好的果丁装入盘中，调入备好的沙拉酱拌匀，装入彩椒里，摆盘即可。

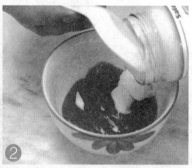

什锦沙拉

制作时间
9分钟

材料 洋葱50克，青瓜100克，西芹100克，青、红波椒各100克，球生菜、圣女果各适量

调料 洋醋15克，沙拉油25克，胡椒粉少许，黑椒碎适量，盐1克，干葱蓉3克

做法

① 球生菜洗净沥水，铺在碟中；其他原材料洗净切条，倒入盘中。

② 将调味料放在一起搅拌成沙拉汁。

③ 将搅拌好的沙拉汁倒入装原材料的盘中拌匀，再盛装在铺有球生菜的碟中，加圣女果装饰即可。

梨椒海皇粒

制作时间
13分钟

材料 紫包菜30克，梨100克，虾仁、蟹柳、海参各80克，甜椒50克

调料 盐3克，味精1克，生抽8克

做法

① 紫包菜洗净，制成器皿形状；梨洗净，去皮，切小块；甜椒洗净，放入开水中稍烫，捞出。

② 虾仁、蟹柳、海参洗净，切小粒，放入开水中煮熟，再放入油锅，加盐、味精、生抽炒好。

③ 将上述准备好的食材全部放入紫包菜叶中即可。

玉米笋沙拉

制作时间
8分钟

材料 青、红、黄圆椒各50克，青瓜50克，西红柿50克，圣女果50克，熟鸡蛋1片，玉米粒25克，腰豆10克，玉米笋60克，球生菜100克

调料 沙拉酱20克

做法

① 将球生菜洗净切碎摆入盘底。

② 将所有蔬菜洗净切片摆在球生菜上。

③ 调入沙拉酱即可。

小贴士❀ 没有沙拉酱，可以用酸奶代替。市场上出售的各种水果风味的酸奶是沙拉酱的绝佳替代品，不仅品种多，口感也不错。

青木瓜沙拉

⏱ 制作时间 **8分钟**

材料 泰国青木瓜200克，西红柿80克

调料 花生碎10克，指天椒5克，蒜头适量

做法

① 将木瓜去皮，切开去籽，切成丝。

② 将指天椒、蒜头剁碎，西红柿切角。

③ 将木瓜丝、指天椒、蒜蓉、西红柿角一起拌匀上碟，上面放花生碎即可。

木瓜蔬菜沙拉

⏱ 制作时间 **12分钟**

材料 木瓜150克，西红柿100克，胡萝卜、西芹各80克，生菜50克

调料 沙拉酱适量

做法

① 生菜洗净，放盘底；木瓜去皮，切丁；西红柿洗净，切瓣；胡萝卜、西芹洗净，切块备用。

② 胡萝卜、西芹放入开水中稍烫，捞出，沥干水分，放入容器，加入木瓜、西红柿、沙拉酱搅拌均匀，放在盘中的生菜叶上即可。

地瓜包菜沙拉

⏰ 制作时间 10分钟

材料 地瓜200克，包菜30克，黄瓜、西红柿各150克

调料 沙拉酱适量

做法

① 包菜洗净。

② 黄瓜洗净，切小段。

③ 西红柿洗净，掰小块。

④ 地瓜洗净，去皮，切块。

⑤ 将包菜放入沸水中稍烫后，盛入盘中。

⑥ 将备好的原材料放入盘中，食用时蘸取沙拉酱即可。

夏威夷木瓜沙拉

⏰ 制作时间 7分钟

材料 夏威夷木瓜300克，蟹柳适量

调料 千岛酱适量

做法

① 夏威夷木瓜去籽，洗净，用刀刻成十字花。

② 将蟹柳撕成条形，摆放在木瓜上面。

③ 调入千岛酱拌匀即可。

木瓜虾沙拉

⏰ 制作时间 **12分钟**

材料 泰国木瓜350克，鲜九节虾50克

调料 白沙拉汁30克，橄榄油5克，白酒2克，盐2克

做法

❶ 木瓜开边去籽，挖出瓜肉，壳留用，瓜肉切成丁，用沙拉汁调好。

❷ 鲜九节虾去壳，用沸水煮熟，加入橄榄油、白酒、盐调匀。

❸ 将已调好的木瓜肉填回木瓜壳中，面上铺上虾仁，再用沙拉酱拉网状即可。

黄瓜西红柿沙拉

⏰ 制作时间 **5分钟**

材料 黄瓜、西红柿各300克

调料 沙拉酱适量

做法

❶ 黄瓜洗净，去皮，切片；西红柿洗净，切片备用。

❷ 将备好的原材料放入盘中，加入沙拉酱即可。

小贴士✿水果中含有多种维生素、人体所需矿物质及大量膳食纤维，可以促进身体健康，增强免疫力，但有些水果热量较高，一些成品沙拉酱脂肪含量高，所以"水果沙拉代替正餐可减肥"是一种误区。

土豆玉米沙拉 ⏰ 制作时间 14分钟

材料 土豆300克，黄瓜、西红柿各80克，罐头玉米50克，生菜30克

调料 盐、沙拉酱各适量

做法

① 生菜洗净，放在盘底；黄瓜洗净，切段；土豆洗净，去皮，切小块备用。

② 土豆入清水锅，加盐煮好，捞出，压成泥。

③ 所有的食材装盘，加入罐头玉米，将黄瓜段上的皮削下撒在上面，食用时蘸取沙拉酱即可。

芦笋蔬菜沙拉 ⏰ 制作时间 7分钟

材料 黄瓜、绿包菜、心里美萝卜、紫包菜、白芦笋，青、黄、红甜椒，红、黄圣女果各适量

调料 沙拉酱适量

做法

① 将所有的原材料洗净；青、黄、红甜椒，紫包菜切块；心里美萝卜、黄瓜、白芦笋切段备用。

② 将绿包菜、心里美萝卜、白芦笋、甜椒放入开水中稍烫，捞出，沥干水分。

③ 将所有的原材料放入盘中，食用时蘸取沙拉酱即可。

土豆泥沙拉

 制作时间 **15分钟**

材料 土豆500克，黄瓜、西红柿各50克，生菜30克
调料 盐、沙拉酱各适量

做法

① 生菜洗净，放在盘底。黄瓜、西红柿洗净，一部分切末，一部分切片。

② 将土豆洗净，去皮，切小块，放入清水锅中加盐煮好，捞出压成泥，放入西红柿、黄瓜末揉成圆团装盘。

③ 将西红柿片和黄瓜片作为盘饰，食用土豆泥时蘸取沙拉酱即可。

葡果沙拉

 制作时间 **8分钟**

材料 青、红、黄圆椒各50克，洋葱30克，鸡心茄30克，海草2片，脆皮肠、圣女果、葡萄各适量
调料 千岛酱适量

做法

① 将各原材料洗净，改切成圆形。

② 切好的原材料分层次摆放于碟中。

③ 调入千岛酱拌匀即可。

小贴士 ❀ 水果的种类和数量可以随个人口味加减，同时，水果沙拉原料要选新鲜的水果，切盘后，不要长时间摆放，否则不仅影响美观，营养也会降低。

什锦蔬菜沙拉

⏱ 制作时间 **8分钟**

材料 紫包菜、罐头玉米、黄瓜、青椒、生菜、胡萝卜、圣女果、包菜各适量

调料 沙拉酱适量

做法

①生菜洗净，放在碗底；胡萝卜、紫包菜、包菜洗净，切丝；青椒洗净，切条；黄瓜洗净，切片；圣女果洗净备用。

②紫包菜、胡萝卜、包菜、青椒放入开水中稍烫，捞出，沥干水分，与黄瓜、圣女果、罐头玉米放入碗中，淋上沙拉酱即可。

什锦生菜沙拉

⏱ 制作时间 **10分钟**

材料 黄瓜、胡萝卜各50克，西红柿80克，球生菜150克

调料 沙拉酱适量

做法

①黄瓜洗净，切薄片；胡萝卜洗净，切薄片，入沸水稍烫，捞出，沥干水分。

②西红柿洗净，切瓣；球生菜洗净，放入开水中稍烫，捞出，沥干水分。

③备好的原材料放入盘中，蘸取沙拉酱即可食用。

苹果草莓沙拉

制作时间 **4分钟**

材料 苹果、奇异果、草莓、圣女果、葡萄干、木瓜各适量

调料 酸奶100克

做法

① 苹果洗净，去皮、去核，切块；奇异果洗净，去皮，切块；圣女果洗净，切块，草莓洗净，大部分切块；木瓜洗净，去皮、去籽，切块。

② 将另一小部分草莓切小丁，与酸奶拌匀。

③ 将所有材料放入盘中，加入拌好的酸奶和葡萄干拌匀即可。

营养蔬果沙拉

制作时间 **6分钟**

材料 莴苣120克，橘子、小黄瓜各50克，百香果20克，紫高丽菜、红甜椒各适量

调料 酸奶100克

做法

① 莴苣洗净，撕成片；小黄瓜洗净，切片；紫高丽菜和红甜椒洗净，切丝；橘子去皮。

② 百香果洗净对剖，挖出果肉，将酸奶加入百香果调匀，制成百香果酸奶酱。

③ 将莴苣、橘子、小黄瓜、紫高丽菜、红甜椒、百香果酸奶酱放入盘中拌匀即可。

白萝卜芝麻沙拉  制作时间 6分钟

材料 白萝卜300克，黑芝麻、白芝麻各10克，甜青椒适量

调料 酸奶140克

做法

①白萝卜洗净，去皮，切丝；甜青椒洗净，切丝。

②水烧沸，放入白萝卜烫至变色后捞出，晾凉，装盘。

③放入酸奶拌匀，撒上黑芝麻和白芝麻，放上甜青椒点缀即可。

海带沙拉 制作时间 5分钟

材料 海带100克，黄瓜50克，甜青椒、甜红椒各20克，熟白芝麻适量

调料 酸奶150克

做法

①海带洗净，用水浸泡；黄瓜洗净，切块；甜青椒、甜红椒洗净，切丁。

②锅中注水，烧热，放入海带煮熟后捞出，切片。

③将海带、黄瓜、甜青椒、甜红椒放入盘中，加入酸奶拌匀，撒上熟白芝麻即可。

蔬果秋葵沙拉 制作时间 10分钟

材料 秋葵120克，牛蒡、莴苣、胡萝卜、西红柿各50克

调料 有机芝麻酱50克，酱油、蜂蜜各30克，山葵酱10克

做法

①秋葵、牛蒡洗净，切丝，氽烫至熟；胡萝卜洗净，切丝；西红柿、莴笋洗净，切片。

②将莴笋、秋葵、牛蒡丝、胡萝卜丝、西红柿片均匀摆于盘中。

③将所有调味料充分拌匀后制成为芝麻风味酱料，淋入盘中即可。

生菜珍珠沙拉 制作时间 14分钟

材料 生菜100克，小黄瓜50克，西红柿80克，珍珠贝罐头1罐

调料 千岛酱、盐、胡椒粉各适量

做法

① 生菜剥开叶片，洗净，以手撕成小片；小黄瓜洗净，去除头尾，切成斜片，一起放入冰开水中浸泡3分钟，捞起，沥干水分；西红柿洗净，去蒂，切薄片。

② 珍珠贝罐头打开，取出珍珠贝，装在大盘中，加入生菜、小黄瓜和西红柿备用。

③ 调味料倒入小碗调拌均匀，淋在生菜、小黄瓜及珍珠贝上即可端出。

土豆蔬果沙拉 制作时间 15分钟

材料 土豆100克，柳橙、奇异果、苹果各80克，洋火腿20克，冷冻什锦蔬菜50克

调料 沙拉酱适量

做法

① 土豆、苹果均去皮，切丁；柳橙、奇异果去皮，切成半圆形薄片；火腿切成三角形。

② 锅中加适量水烧开，分别放入土豆和冷冻什锦蔬菜氽烫至熟，捞起，放入碗中。

③ 待土豆和蔬菜凉后加沙拉酱搅拌均匀，盛在盘中，盘边加入柳橙、奇异果和洋火腿片点缀，即可端出。

鸡冠草沙拉

⏰ 制作时间 **7分钟**

材料 青、红鸡冠草各150克，海带芽200克，黄瓜30克

调料 盐、葱花、沙拉酱各适量

做法

① 青、红鸡冠草，海带芽泡发，洗净；黄瓜洗净，切薄片备用。

② 将青、红鸡冠草，海带芽放入加了盐的开水中烫熟，捞出，沥干水分，放碗中，撒上葱花，食用时蘸取沙拉酱即可。

鸡蛋蔬菜沙拉

⏰ 制作时间 **8分钟**

材料 包菜、胡萝卜、紫包菜、圣女果、罐头玉米、黄瓜、西红柿、鸡蛋各适量

调料 沙拉酱适量

做法

① 包菜洗净，切块，放入开水稍烫，捞出，放上沙拉酱搅拌均匀。

② 鸡蛋煮熟，去壳，切瓣；紫包菜、胡萝卜洗净切丝，放入开水中稍烫，捞出；黄瓜洗净，切片；西红柿洗净，切圆片。

③ 圣女果洗净和上述所有材料一起放入碗中，加入罐头玉米即可。

加州沙拉

制作时间 **8分钟**

材料 红边生菜20克,九芽生菜20克,卡夫芝士片1片,西瓜50克,芒果30克,红提子50克,奇异果50克,苹果40克

调料 洋醋10克,沙拉油15克,胡椒粉少许,黑椒碎、干葱各适量

做法

① 将芝士片切成方片,其他原材料洗净沥干水。

② 将所有调味料放在一起拌匀。

③ 将原材料放入盘中,倒入调味料拌匀,上碟即可。

扒蔬菜沙拉

制作时间 **12分钟**

材料 茄子50克,洋葱40克,甜椒20克,鲜香菇、芦笋各适量

调料 橄榄油15克,盐3克,胡椒3克,香草适量

做法

① 茄子、洋葱、甜椒、鲜香菇、芦笋洗净,切成条状,放入盐、胡椒、橄榄油、香料拌匀。

② 将扒炉火力开至中火,所有蔬菜放在扒炉中扒至熟。

③ 将扒好的蔬菜依次摆入盘中并加以装饰即可。

沙司桂花山药

⏰ 制作时间 **15分钟**

材料 山药400克，圣女果适量

调料 桂花酱、沙司各适量

做法

① 将山药洗净去皮，切块。

② 圣女果洗净备用。

③ 山药放入开水中煮熟，捞出，沥干水分，装入碗中。

④ 在山药上淋上沙司、桂花酱，以圣女果作装饰即可。

玉米西红柿沙拉

⏰ 制作时间 **10分钟**

材料 嫩玉米粒300克，西红柿、豌豆各100克

调料 沙拉酱适量

做法

① 将玉米粒洗净，加适量清水煮熟。

② 西红柿洗净，放入沸水中稍烫，捞出剥去皮，去籽，切丁；豌豆洗净，加适量清水煮熟。

③ 将玉米粒、西红柿丁、豌豆盛入碗中，拌入沙拉酱即可。

海鲜

食疗作用：鱼类、虾、蟹等海鲜含有丰富的蛋白质，含量可高达 15% ~ 20%，鱼翅、海参、干贝等含蛋白质在 70% 以上；脂肪含量很低，并且多由不饱和脂肪酸组成，容易消化，不易引起动脉硬化；还含有极丰富的维生素 A 和 D，特别是鱼肝中含量更为丰富，鱼肉中还含有一定量的尼克酸、维生素 B_1，海带、紫菜等海中植物，还含有丰富的碘和铁。

盐水洗鱼

用凉浓盐水洗有污泥味的鱼，可去除污泥味。在盐水中洗新鲜的鱼，不仅可以去泥腥味，且可以使鱼肉味道更鲜美。至于不新鲜的鱼，先用盐将鱼的里外擦一遍，一小时后再用锅煎，鱼味就可和新鲜的一样。而且，用盐擦鱼还可去除黏液（因为鱼身上若有黏液，黏液易沾染上污物）。在洗鱼时，可先用细盐把鱼身擦一遍，再用清水冲洗一下，会洗得非常干净。

切鱼肉用快刀

切鱼肉要使用快刀，由于鱼肉质细且纤维短，容易破碎。将鱼皮朝下，用刀顺着鱼刺的方向切入，切时要利索，这样炒熟后形状才完整，不至于凌乱破碎。

金丝虾沙拉
⏰ 制作时间 15分钟

材料 虾、苹果、黄瓜、圣女果、土豆各适量

调料 盐、料酒、脆香糊、沙拉酱、炼乳各适量

做法

①土豆去皮洗净，切细丝，用油炸好。

②虾治净，用盐、料酒码味，放入脆香糊中，油炸一两分钟，再把虾放入用沙拉酱、炼乳调好的糊中，再粘一层土豆丝放在盘子四周。

③所有的水果洗净，切丁，放入碗中，加入沙拉酱搅拌均匀，放盘中间即可。

火龙果桃仁炸虾球
⏰ 制作时间 15分钟

材料 火龙果400克，鸡蛋清60克，核桃仁60克，虾100克，甜椒50克

调料 糖浆、芝麻、盐、味精、淀粉各适量

做法

①火龙果剖开，挖瓤切块，壳做器皿；甜椒洗净，切块，烫熟备用；核桃仁裹上糖浆，再蘸上芝麻，放入油锅中炸好；虾治净，加蛋清、盐、味精、淀粉搅匀，放入油中锅炸好。

②将所有备好的材料盛入火龙果的壳中即可。

芦笋鲍鱼沙拉卷

⏰**制作时间**
18分钟

材料 芦笋200克，草虾100克，鲍鱼罐头150克，胡萝卜50克，洋火腿50克，生菜50克，西红柿适量

调料 沙拉酱适量

①草虾洗净，虾背上插入牙签，放入开水中煮熟后去壳；芦笋去老梗，洗净，切斜段；鲍鱼切粗条，

分别放入滚水氽烫，捞出，浸入冷开水中待凉。

②胡萝卜去皮，生菜洗净，均切丝；西红柿洗净，切成半月形；以上材料全部盛在盘中。

③洋火腿片摊开，分别加入芦笋、鲍鱼及草虾，卷成圆筒状，盛放在胡萝卜、西红柿及生菜上，食用时淋上沙拉酱即可。

龙虾沙拉

 制作时间 18分钟

材料 龙虾200克，熟茨仔30克，熟龙虾肉50克，熟土豆80克

调料 沙拉酱20克，橄榄油15克，柠檬片8克

做法

1 熟土豆切丁，熟龙虾去壳取肉切丁，茨仔切小丁。

2 将茨仔、土豆、橄榄油、柠檬片拌匀，备用。

3 龙虾取头尾，摆盘上下各一边，中间放入调好的沙拉，面上摆龙虾肉，再用沙拉酱拉出网状即可。

明虾沙拉

 制作时间 12分钟

材料 冻明虾100克，生菜50克，红波椒20克，洋葱20克，西芹适量

调料 白兰地1克，油醋汁15克，盐适量

做法

1 将明虾解冻，烧沸水后放入明虾焯熟，再放入冰水中浸冻后捞起，去壳、留头尾，加入白兰地、盐略腌。

2 将所有蔬菜洗净，切好。

3 生菜铺在碟底，上面放红波椒、洋葱、西芹，旁边放已腌好的明虾，伴油醋汁进食。

鲜虾芦笋沙拉

 制作时间
12分钟

材料 鲜九节虾80克，芦笋30克，西红柿、青瓜各
适量，生菜30克，黑水榄15克，白菌适量

调料 橄榄油15克，盐4克，胡椒粉2克，白葡萄酒
5克

做法

① 西红柿洗净切块，青瓜取肉，虾去壳取肉，生菜

洗净切丝。

② 锅中水烧开，分别放入虾和芦笋烫熟，捞出用
盐、橄榄油、胡椒粉、白菌、白葡萄酒腌制5分钟。

③ 将生菜、西红柿、青瓜、黑水榄摆入杯中，放入
虾和芦笋。

虾仁菠萝沙拉

⏰ 制作时间 **10分钟**

材料 虾仁、菠萝各200克，西芹100克

调料 沙拉酱适量

做法

① 虾仁洗净，去背部沙线，放入沸水中氽熟，沥干水待用。

② 菠萝去皮后用盐水泡半小时，切成小丁。

③ 西芹洗净，切小段，入沸水中焯熟。

④ 将所有原材料放入大碗中，加入沙拉酱拌匀即可。

蟹子沙拉

⏰ 制作时间 **13分钟**

材料 蟹子80克，蟹柳200克，黄瓜、苹果各100克

调料 沙拉酱适量

做法

① 蟹柳洗净，切条。

② 黄瓜、苹果洗净，切丝。

③ 蟹子用凉开水冲洗干净。

④ 蟹柳放入沸水锅中煮熟，捞出，沥干水分，与苹果、黄瓜、蟹子加沙拉酱拌匀即可。

金枪鱼沙拉

 制作时间 **10分钟**

材料 金枪鱼300克，生菜30克，胡萝卜、黄瓜各100克

调料 盐5克，沙拉酱适量

做法

① 金枪鱼治净，切细条；黄瓜、胡萝卜洗净，切薄片；生菜洗净放碗底备用。

② 黄瓜、胡萝卜放入开水中稍烫，捞出，沥干水分；金枪鱼放入加了盐的开水中煮熟，捞出。

③ 将备好的原材料放入容器，加入沙拉酱搅拌均匀，装入碗中即可。

鱼子水果沙拉盏 制作时间 **10分钟**

材料 火龙果150克，橙子100克，圣女果、葡萄各50克，鱼子适量

调料 卡夫奇妙酱适量

做法

① 火龙果洗净，挖瓤切丁后作为器皿。

② 橙子一个切片，一个去皮切丁。

③ 圣女果、葡萄洗净，对切放盘底。

④ 鱼子用凉开水洗净备用。

⑤ 将水果淋上卡夫奇妙酱，撒上配菜即可。

金枪鱼玉米沙拉

 制作时间
9分钟

材料 鸡蛋100克，生菜30克，西红柿、罐头玉米粒各50克，金枪鱼、黄瓜各150克

调料 沙拉酱适量

做法

1 生菜洗净，放盘底。

2 西红柿洗净，切瓣。

3 鸡蛋煮熟，对切。

4 黄瓜洗净，一部分切丝，一部分切长条。

5 金枪鱼洗净，切小粒，放入开水中煮熟，捞出，放上沙拉酱搅拌均匀，撒上黄瓜丝。

6 上述食材放入盘中，加入玉米粒即可。

吞拿鱼豆角沙拉

⏱ 制作时间 10分钟

材料 吞拿鱼60克，青豆角150克，洋葱30克，红椒10克，西兰花、西红柿各少许

调料 沙拉油15克，洋醋10克，黑椒碎、胡椒粉各适量

做法

① 将青豆角切段，焯熟，沥起备用；洋葱切丝，红椒切圈备用；吞拿鱼切碎炒香。

② 将各种原材料放入碗中，加入调味料拌匀即可。

吞拿鱼鲜果沙拉

⏱ 制作时间 10分钟

材料 吞拿鱼50克，什锦鲜果400克

调料 沙拉酱适量

做法

① 将什锦鲜果洗净，去皮切成方形。

② 吞拿鱼洗净。

③ 切好的什锦鲜果调入沙拉酱拌匀，装碟。

④ 在鲜果上摆上吞拿鱼即可。

吞拿鱼西红柿

⏰ 制作时间 10分钟

材料 生菜100克，吞拿鱼50克，西红柿200克

调料 沙拉酱100克

做法

① 西红柿去蒂托，洗净去籽。

② 生菜洗净切细丝。

③ 将切好的生菜装盘，放入沙拉酱搅拌均匀。

④ 将已调好沙拉酱的生菜放入西红柿肚内，铺上吞拿鱼即可。

香煎银鳕鱼露笋沙拉

⏰ 制作时间 16分钟

材料 冻银鳕鱼150克，露笋100克，洋葱、西芹、青椒、红椒各20克，面粉10克，生菜适量

调料 油醋汁、盐、白酒、生抽各适量

做法

① 冻银鳕鱼解冻洗净后，放入白酒、盐腌1分钟；露笋洗净、切段、焯水待用；生菜洗净，放入碟中。

② 洋葱、西芹和青、红椒洗净切条，放于生菜上面，淋上油醋汁。

③ 热锅放油烧热，放入银鳕鱼煎至金黄色，取出摆于碟中，将露笋摆于银鳕鱼旁即可。

—

海鲜沙拉船

 制作时间
15分钟

材料 哈密瓜450克，虾、蟹柳各150克，芹菜、胡萝卜各50克

调料 盐5克，生姜15克，沙拉酱适量

做法

①哈密瓜挖瓤，修边作为器皿；芹菜洗净，切段；胡萝卜洗净，切花片；虾治净，蟹柳洗净，切段。

②芹菜、胡萝卜放入开水中稍烫，捞出。

③虾、蟹柳放入清水锅，加盐、生姜煮好，捞出。

④将上述备好的食材与哈密瓜肉一起放入器皿里，食用时蘸取沙拉酱即可。

吞拿鱼沙拉

 制作时间
16分钟

材料 吞拿鱼50克，熟茨仔30克，土豆80克

调料 沙拉酱50克

做法

①先将土豆煮熟，去皮切大块。

②熟茨仔去皮，切粒。

③将土豆、茨仔放入碗中，加入沙拉酱拌匀。

④将吞拿鱼铺在上面即可食用。

泰式海鲜沙拉 ⏰制作时间 10分钟

材料 粉丝100克，虾仁50克，鱿鱼、洋葱各20克，鱼柳15克，芹菜50克

调料 鸡精、鱼露各3克，泰国辣酱、酸辣汁各10克

做法

① 用60℃的热水泡粉丝，5分钟后捞起沥水。

② 将海鲜洗净焯水，捞起用凉开水冲冷。

③ 洋葱洗净切丝，芹菜切段，将以上材料倒入盘中。

④ 加上调味料拌匀即可。

带子墨鱼沙拉 ⏰制作时间 12分钟

材料 带子肉、墨鱼、虾各150克，黄、红甜椒各30克，生菜50克

调料 盐4克，姜15克，沙拉酱少许

做法

① 生菜洗净，放入碗底。

② 黄、红甜椒洗净，切块。

③ 带子肉、墨鱼、虾治净备用。

④ 将黄、红甜椒放入开水中稍烫，捞出，沥干水分。

⑤ 将带子肉、墨鱼、虾放入清水锅，加盐、生姜煮熟，捞出。

⑥ 将准备好的食材放在碗中，配沙拉酱即可。

蚧柳青瓜沙拉

制作时间 7分钟

材料 青瓜300克，蚧柳10克，生菜20克，西红柿100克

调料 沙拉酱25克，盐、胡椒粉各少许

做法

①青瓜洗净去皮，去籽，切丝，沥干水。

②生菜用凉开水洗净放于碟上，蚧柳切丝。

③在青瓜丝中放入调味料，拌匀盛起，上面放蚧柳丝、西红柿上碟。

烟三文鱼沙拉

制作时间 12分钟

材料 烟三文鱼150克，柠檬50克，洋葱、生菜各60克，水瓜柳10克，蛋片25克

调料 油醋汁适量

做法

①沙拉生菜洗净后，切成块状。

②将已烤过的蛋片对切成两瓣，排盘，烟三文鱼摆在大盘中。

③洋葱洗净，切成圆圈片，排在鱼片上，撒上水瓜柳。

④柠檬洗净切成半圆片，和生菜一起放在三文鱼旁，另将三文鱼卷成筒形一起放在生菜中，食用时蘸取油醋汁即可。

烧肉沙拉

制作时间 **15分钟**

材料 五花肉200克，白菜150克

调料 酱汁、沙拉酱、葱丝、熟芝麻各适量

做法

① 白菜洗净，撕碎，放入盘中。

② 五花肉洗净，放入沸水锅中氽熟后，晾凉切片，围在白菜旁。

③ 放上葱丝，淋入酱汁，撒上熟芝麻，配沙拉酱食用即可。

吉列石斑沙拉

制作时间 **14分钟**

材料 石斑肉150克，鸡蛋80克，茨仔适量

调料 沙拉汁50克，白酒、面粉、面包粉、盐、胡椒粉各适量

做法

① 石斑肉切四方块，加入白酒、盐及胡椒粉腌2~3分钟。

② 茨仔洗净、去皮，切1寸四方粒，用煲煲开水，放入茨仔，熟后盛起，冷冻后加入沙拉拌成茨仔沙拉。

③ 石斑肉扑上面粉、蛋汁及面包粉，放入热油中炸至金黄色，上碟，旁边伴茨仔沙拉即可。

美果鲜贝

⏰ 制作时间
10分钟

材料 圣女果、黄瓜、胡萝卜、芹菜、鲜贝各适量

调料 盐、生姜、沙拉酱各适量

做法

① 芹菜、胡萝卜、黄瓜洗净，斜切段。

② 鲜贝洗净，取肉切块。

③ 圣女果洗净。

④ 将芹菜、胡萝卜放入开水中稍烫，捞出。

⑤ 鲜贝在清水锅中，加盐、生姜煮好，捞出。

⑥ 将备好的原材料放在装饰好的盘子中，食用时蘸取沙拉酱即可。

蚧子水果沙拉

⏰ 制作时间
6分钟

材料 蚧子30克，什锦鲜果400克

调料 沙拉酱20克

做法

① 什锦鲜果洗净，摆放于盘底。

② 将蚧子放在什锦鲜果上面。

③ 调入沙拉酱即可。